約翰・戴維森・洛克斐勒，攝於一九〇二年

目錄

CONTENT

自序

或許人生到了某個階段，就會開始回顧往事。回憶構築了人生的精彩，我也正變成這樣一個喋喋不休的老人，急於與人分享我過往的人生，回憶那些對我產生過重要影響的人。

他們大多是這個國家中最優秀的人，尤其是商業界人士——這些人在很大程度上促進美國的商業發展，並將美國商品遠銷全球。

我將要記錄下來的事件，對我而言具有重大意義，它們是我記憶中無法磨滅的部分。

如何掌握個人隱私的曝光程度，或者說如何保護自己免受傷害，一直是頗具爭議的問題。過多談論自己的所作所為，容易被冠以自大的名號；而保持緘默，又容易遭到誤解，因為這會被認為是心虛的逃避。

我不習慣將私生活公開，但家人和朋友認為我有必要把被曲解的事情闡述清楚，並記錄下來，我聽從了他們的建議，並期望透過這種非正式的方式重拾生命中的珍貴回憶。

此外，撰述這本回憶錄還有一個原因：如果廣為流傳的事情只有十分之一是真實的，就一定會有我忠誠且能幹的朋友——他們中的許多人已經與世長辭——因此而蒙冤。

本來我已決定保持沉默，希望由歷史做出公正裁決，將真相昭告天下。但既然我還活著，能夠證明一些事情，似乎就應該站出來，澄清這些頗具爭議的事情，否則人們必將繼續被蒙在鼓裡。

這些事情關乎逝者的聲譽及生者的生活，因此有必要讓公眾在做出最終評判前，充分地了解真相。

在著手撰寫這些回憶時，我並未想過要將它出版成書，甚至沒有把它當作一部非正式的自傳，所以敍述比較隨意，沒有章法。

多年來，朝夕相處、親密無間的合作夥伴，以及同事間的深厚友誼，帶給我無比的快樂和滿足，但我明白這只是我的人生經歷，長篇大論地寫起來，肯定會讓讀者感到厭煩。因此，我在書中只提到其中一些朋友，正是他們鑄就了我商業上的成功。

約翰·洛克斐勒

一九〇九年三月

第一章

老朋友

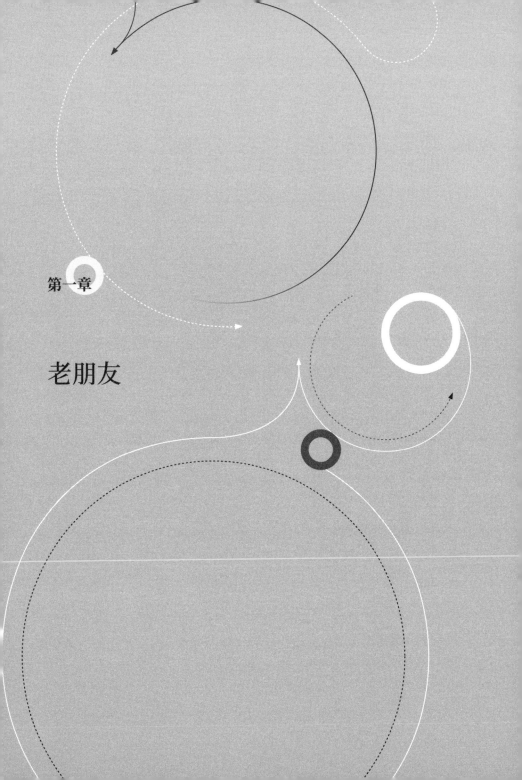

阿奇博爾德先生

請大家原諒我的絮叨，因為這只是一些零散、個人的回憶。

回顧這一生，腦海中最鮮活的記憶，便是與老同事的相處。本章沒有談起的朋友，並不是對我不重要，我只是打算在後面的章節中談論那些早期的朋友。

我們可能會忘記與老朋友的初次相逢，或對其的第一印象，但我永遠不會忘記與標準石油公司[1]現任副總裁約翰．阿奇博爾德先生初次相見時的情形。

那是三十五或四十年前，當時我正在全國各地進行考察，與生產商、煉油商、代理商交流，了解市場，尋求商機。

一天，油田附近舉行聚會，當我到達時，裡面已經擠滿了石油業者。我看到簽到簿上寫著一個大大的名字：

約翰．阿奇博爾德，每桶四美元

這是一個活力四射、個性十足的傢伙，甚至不忘在簽名簿上打廣告。

沒人懷疑他對石油業的堅定信念。「每桶四美元」（相當於今日的一二二美元）[2]的口號吸引了眾人目光，因為當時原油的價格遠低於此——這個價格令人難以置信。雖然阿奇博爾德先生最終不得不承認，原油不值「每桶四美元」，但他始終保持著熱情、活力和無與倫比的影響力。

他天性幽默。有一次，他出庭做證時，對方律師問他：「阿奇博爾德先生，你是公司的董事嗎？」

「是的。」

「你擔任的職務是什麼？」

他立刻回答道：「爭取更多分紅。」這個回答讓那位學識淵博的律師只好另闢戰線。

---

1 標準石油公司（Standard Oil），於一八七〇年由洛克斐勒與合夥人所創建，是美國歷史中一間大型、綜合石油生產、提煉、運輸與營銷的公司，也是當時全球最大的煉油公司。其前身為一八六三年所建立的克拉克與洛克斐勒公司，以及一八六五年的洛克斐勒與安德魯斯公司。一九一一年被美國最高法院裁定為非法壟斷之後，這家世界上出現最早、規模最大的跨國公司被拆分為多家獨立公司，例如美孚石油公司（Mobil）、埃克森石油公司（Exxon）等。

2 此為當時（一八六〇年）美元金額換算成今日相應價格後的金額，以利讀者理解其間的價格變化。

洛克斐勒左右手、標準石油老臣阿奇博爾德

我一直驚歎於他的卓越能力。我現在不常見到他，他總是日理萬機，而我則遠離了喧囂的商界，打打高爾夫球、種種樹，過著農夫般的田園生活，即使這樣我也感到時間不夠用。

既然說到他，我就不得不提到在標準石油公司工作期間，他們對我的莫大幫助。能夠與這麼多能力超群的人共事多年，是我極大的榮幸，他們現在都是公司中舉足輕重的人物，公司與他們攜手完成艱鉅任務，得以不斷發展壯大，走到了今天。

我與大部分同事來往多年，到如今這個年紀，幾乎每個月（有時甚至不到一週），便會收到某位同事的訃告。最近，我數了一下已經去世的早期同事，還沒數完，名單上就已列有六十多個。他們是忠實、真摯的朋友。我們曾共同努力，度過了艱難的時光。我們曾討論、爭執、斟酌許多問題，直到達成共識。我們彼此坦誠相對，做事光明磊落，對此我一直感到十分欣慰。沒有這些基礎，商業夥伴是無法取得成功的。

當然，要讓這些意志堅定、態度強硬的人達成共識，並不是一件容易的事。

我們的做法是耐心傾聽、坦誠討論，把所有細節都拿到桌面上分析，盡量做到了解彼此的想法，從而做出一致的決定。

這些人大多數都很保守，這無疑是件好事，因為大公司總是有一味擴張的衝動。成功人士通常會比較保守，因為一旦失敗，就會失去很多。同樣幸運的是，也有一些野心勃勃、敢於冒險的同事，他們通常很年輕，雖然支持者少，但敢做敢當，極具說服力。他們希望有所作為，並快速付諸行動，他們不介意承擔壓力，勇於負責。我對兩派人碰撞時的火花記憶深刻。不管怎樣，我都是屬於激進派的。

爭論與資金

我有一個合作夥伴，已經建立了宏偉大業，生意興隆，蒸蒸日上，他堅決反對我們多數人都同意的企業改進計畫。這個方案耗資巨大，大約要花費三百萬美元（相當於今日的九千一百六十幾萬美元）。我們反覆討論，共同分析了所有利弊，並且運用能夠獲得的所有論據，證明這個計畫不但有利可圖，更重要的是能夠鞏固我們的領導地位。這位老合作夥伴卻異常固執，不肯屈服，他甚至把手插到褲袋裡，昂首站在那裡，歇斯底里地強烈抗議道：「不行！」

只是一味捍衛自己的立場，而不考慮證據、現實條件地爭論，是一件令人遺憾的事情。他失去了冷靜的判斷，思維已經處於停滯狀態，只剩下固執。

就像我前面所提到的，這個方案對企業至關重要。但我們不能和合作夥伴翻臉，儘管我們做好了讓他屈服的決定。我們嘗試透過另一種方式說服他，於是對他說：「你說我們不需要花這些錢？」

「是的，」他回答道，「投入這麼一大筆錢，可能需要很多年才有收益。現在工程進展良好，不需要新建設施，保持現狀就足夠了。」

這位合作夥伴明智多才、閱歷豐富，比我們所有人都更熟悉這個行業。雖然我們已經決定實施這個方案，但我們仍極力爭取他的認可，願意等到他同意為止。

等到氣氛漸漸平和下來後，我們又把這個方案提了出來。我採用了新的方式來說服他。我說：「那由我獨自出資，承擔風險。如果這項投資被證明有利可圖，公司就把資本還給我；如果虧損了，損失就由我來承擔。」

這些話打動了他，他不再像原來那麼固執。他說：「既然你這麼篤定，那還是共同承擔風險吧。如果你可以承擔這個風險，我想我也可以。」事情就這麼定下來了。

我想，所有企業都面臨著發展方向與進程的問題。我們的企業當時正處於快速發展期，到處大興土木，擴展疆域。我們要不斷應對新的突發事件。在舊油田日漸枯竭的同時須要找新油田，一旦發現新油田，必須馬上製造出用來儲存原油的油桶；也因此我們經常面臨雙重壓力，一方面要放棄舊油田中已經建好的整套設備，另一方面又必須在毫無準備的新油田附近建造工廠，做好儲存和運輸石油的準備。這些因素使得石油貿易成為一種高風險行業。好在我們有一個勇敢無畏的團隊，能夠全面而有效地掌握風險和機遇，這對企業來說是極為重要的原則。

我們反覆討論那些棘手的問題。有些人急於求成，希冀馬上投入大量資金；其他人則希望穩健前進。這通常是一個妥協的過程，但每次我們都將問題提出來，逐一解決，既不像激進派所希望的那麼衝動，也不像保守派所希冀的那麼謹慎，但最終雙方都能達成共識。

成功的喜悅

我最早的合作夥伴之一——亨利．莫里森．弗拉格勒先生，一直是我的學習榜樣。他總是衝在前面，嘗試各種大專案，並且一直積極努力地處理每一個問題，公司早期的快速發展很大程度上應歸功於他驚人的幹勁。

像他這樣功成名就的人，大部分都希望退休去享受安逸的晚年生活。但他卻孜孜不倦地奮鬥了一生。他獨自承建了佛羅里達州東海岸鐵路。他計畫建造從大西洋至基韋斯特[3]六百多公里的鐵路。這對任何人來說，都是一項足以傲世的大事業，他卻並不滿足於此，又建立了一系列豪華酒店，吸引遊客到這個新開發的國

3 基韋斯特（Key West），位於美國本土最南、佛羅里達羣島上的一座城市，屬佛羅里達州門羅縣管轄。

家來旅遊。更為重要的是，他對一切運籌帷幄，並取得了巨大的成功。

他利用自身的幹勁和資金，推動了大片國土上的經濟發展。不論是本地人或是新移民的產品，都擁有銷售市場。他為成千上萬人提供就業機會，更重要的成就是，他承擔並完成了一項籌畫多年的工程偉業，即建造了串連佛羅里達礁島群、一路跨越大西洋直至基韋斯特的鐵路。

這些事都是他在已經到達事業頂峰後所做的，任何人如果處於他當時的位置，可能都會選擇退休，享受安逸的生活。

初次見到弗拉格勒先生時，他還年輕，為克拉克與洛克斐勒公司代銷產品。這個年輕人積極主動、衝勁十足，給我留下了深刻印象。在石油行業發展時，他作為一名代銷商，與克拉克先生在同一棟樓裡工作。那時，克拉克先生已經接管了克拉克與洛克斐勒公司。不久，他便買下克拉克先生的股份，併購了他的公司。

我們見面的機會自然多了起來。與生活在紐約等地的人相比，在克利夫蘭那樣的小地方，人與人的聯繫更加緊密。我們的關係也從生意夥伴逐漸發展為友

Florida East Coast Railway, Key West Extension.
Express Train at Sea, crossing Long Key Viaduct. Florida.

佛羅里達東海岸鐵路，基韋斯特支線

誼。隨著石油貿易的不斷發展，我們需要更多的支援和協助，我想到了弗拉格勒先生，希望他能加入我們的行列。他接受了邀請，這段持續終生的友誼便由此開始，並且從未間斷過。這是一種基於商業合作的友誼。弗拉格勒先生曾說過，這種關係遠遠好過基於友誼的商業合作。我後來的經歷也證實了這一點。

我們並肩作戰了許多年：在一個辦公室工作，住在同一條街——歐幾里得大街上，住所相距只有幾步路。我們一起上班，一起回家吃午餐，飯後一起回辦公室，晚上又一起回家。我們邊走邊思考、交談、做計畫。所有的合約都由弗拉格勒先生起草。他在這方面很強，總是能夠清晰準確地表達出合約的目的和意圖，保證對簽約雙方公平公正。我還記得他經常說的話：在簽訂合約時，必須設身處地、用同一標準考慮雙方的權益。這就是亨利．莫里森．弗拉格勒先生的行事方式。

有一次，弗拉格勒先生問都沒問就接受了一份合約，這讓我十分驚訝。那次，我們決定買一塊地建煉油廠，這塊地屬於我們熟識的一位朋友約翰．歐文所有。歐文先生隨手拾起一個馬尼拉紙做的大信封，在背面起草了土地買賣合約。

亨利・莫里森・弗拉格勒肖像

合約條款與此類合約的常規類似，只有一處寫了「南面界線到毛蕊花稈處」這類定義模糊的文字。但弗拉格勒先生說：「好的，約翰。我會接受這份合約，不過當合約進來時，你將看到『毛蕊花稈』會被改為『適當的標樁處』，如此一來，整份文件將更準確而完整。」確實如此，有些律師甚至可以拜他為師學習起草合約，這對他們肯定有好處，但可能法律界的朋友會覺得我有失公允，所以我不會強求大家同意這個觀點。

關於他，還有一件讓我十分欽佩的事。在公司發展早期，他堅持煉油廠不能依照當時的慣例，建得輕薄簡陋。當時的人都擔心油井會枯竭，花在設備上的錢會打水漂，所以都用最劣質廉價的原物料建造廠房。雖然不得不承擔這項風險，但他始終認為既然選擇了這個行業，就必須充分地了解它，盡全力做好它；我們的設備都應該堅固結實，必須竭盡全力爭取最好的結果。他堅持建造高標準煉油廠的信念，就好像這石油行業會經久不衰。他堅守信念的勇氣，為公司後來的發展奠定了堅實的基礎。

今天仍在世的人，每當回憶起這位聰明智慧、樂觀真誠的年輕弗拉格勒先生，無不點頭稱讚。他在克利夫蘭收購某些煉油廠時，表現尤為積極主動。一天，他在街上偶遇一位德國老朋友，這位朋友曾是個麵包師，多年前弗拉格勒先生賣過麵粉給他。他告訴弗拉格勒先生，他已經不做麵包生意了，正經營一個小煉油廠。弗拉格勒先生很驚訝，他不贊成朋友把資金投到煉油廠上，覺得肯定不會成功。起初他感到幫不上什麼忙，但他一直想著這件事，這讓他很困擾。最後他跑來跟我說：「那個麵包師懂得如何烤麵包，但對於提煉石油，他並不在行，但我還是想邀他加盟，否則我會良心不安。」

我當然同意了。他與那位朋友談了一下，他的朋友表示願意出售煉油廠，但希望我們先派人估價，這不是問題。我們派人去給他估價，卻出現了一個意想不到的難題。麵包師對出價很滿意，但堅持讓弗拉格勒先生給他建議，是應該收取現金，還是換取同等票面價值的標準石油公司證券。他告訴弗拉格勒先生，如果收取現金，他便可以還清所有債務，免去許多煩惱；但如果證券將會獲得不錯的分紅，他就想試一下，以獲得長期收益。這對弗拉格勒先生來說，是一個相當困難的提議。起初他拒絕表達個人看法，但這個德國人非常固執，非要知道弗拉格勒先生的意見，不讓他逃避本不屬於他的責任。最後，弗拉格勒先生建議他收取一半現金還債，另一半換購證券。他照做了，並且購買了更多的證券。弗拉格勒先生又一次給出了正確的建議。我相信他在這件事情上花費的時間和精力，絕不亞於處理其他大事所花費的時間和精力，這件事情也完全可以作為評價一個人的標準。

友誼的價值

老一代人的故事對年輕人可能缺少很多吸引力，但並非毫無用處。故事興許乏味，卻會讓年輕人認識到，無論在人生的哪個階段，朋友的價值都是無與倫比的。

當然，朋友有很多種。儘管有親有疏，但都應該保持聯繫。無論哪種類型的朋友都很重要，在你老去時，會更深切地體會到這一點。有一種朋友，在你需要幫助時，總是有理由不幫你。

「我不能把錢借給你，」他說，「因為我和合作夥伴有協議，不能把錢借給別人。」

「我非常願意幫你，但現在確實不方便。」諸如此類的理由。

我並不是要指責這種友誼。因為有時是性格使然，有時他們是真的心有餘而力不足。我的朋友中，這種類型的人很少，大部分都能為朋友兩肋插刀。我有一個朋友尤其如此，初次見面時，就非常信任我，他就是哈克尼斯。

一次，一場大火將我們的石油倉庫和煉油廠在幾個小時內夷為平地——所有一切都毀了。雖然可以得到保險公司賠償的幾十萬美元，但我們擔心索賠過程會耗費太多時間。工廠需要立刻重建，資金問題亟待解決。哈克尼斯先生一直對我們的生意頗感興趣，於是我對他說：

「我可能需要向你借一些錢。我不確定最後是否用得上，但還是想先詢問你一聲。」

他聽後，並沒有要求我做更多解釋。

他只說：「好的，約翰，我會盡我所能幫助你。」

聽到這話，我馬上從煩惱中解脫出來，一身輕鬆地回了家。然而，在建商要求我們付款之前，我們就收到了利物浦倫敦環球保險公司的全額賠款。儘管最終沒有向他借錢，但我永遠不會忘記在危難時，他給予我的精神上的莫大安慰。

我很慶幸有這麼多熱心相助的朋友。創業之初，公司發展迅速，需要大量資金。雖然銀行一直慷慨地提供我貸款，這場大火卻讓我意識到應該準備足夠的現金儲備，以應對隨時可能出現的突發狀況。

就在這期間，發生了另一件事情，再次驗證了患難見真情的道理。不過，我在許多年後，才聽說了這件事情的完整經過。

我們曾與一家銀行有大量業務往來，我的朋友斯蒂爾曼．維特先生是該銀行的董事。一次會議上，董事會將我們貸款的問題提出來討論。為了打消其他人對此項貸款的質疑，斯蒂爾曼．維特拿來了他的保險箱，說道：「各位，這些年輕人信譽良好，我希望銀行在他們需要的時候，能夠毫不猶豫地借給他們。如果你們還是不放心，那就用我的保險箱作為擔保吧。」

當時為了節省運輸費用，經常透過水路運輸石油，我們為此借了很多錢。我們已經在另一家銀行辦理了大筆貸款，行長跟我說，董事會已經在過問此事，問及我們的貸款額度和信譽問題，可能需要面談。我表示很榮幸與董事會見面，因為我們需要申請更多貸款。最終，我們依然得到了需要的貸款，但並沒有人約我面談。

恐怕我對銀行、金錢和生意談論得太多了。我認為，花費大量時間，為賺錢而賺錢，是很可恥和悲哀的事。如果年輕四十歲，我願意再戰商界，因為與有趣、機智的人打交道是非常快樂的。但我還有許多其他的興趣愛好，所以我更期待利用餘生去繼續和發展那些鼓舞人心的計畫。

從十六歲進入商界，到五十五歲退休，我工作了很長時間。但是，我卻仍然可以經常享受美好的休閒時光。因為我有最優秀且效率高的團隊幫我分擔重任。

我非常注重細節。我的第一份工作是簿記員，我對資料極其看重，無論它們有多細微。因而在早期的工作中，任何與會計相關的工作都會分派給我。我熱衷於追求細節，而這也是後來我不得不努力克服的。

我在紐約的波肯提克山莊擁有一棟舊房子，在裡面度過了許多年簡單而平靜的生活。那裡風景如畫，引人入勝。我在那裡研究美景、樹林和哈德遜河優美如畫的景觀，而那時的我本該分秒必爭地投身事業中。因而，我擔心會被認為是不勤奮的人。

「勤奮的商人」這個詞，讓我想起克利夫蘭一位舊識好友，他對工作可謂恪盡職守、兢兢業業。我曾與他談起我的一個愛好——一些人稱之為園藝景觀設計，但對我來說只是設計林中小徑之類的。毫無疑問，他覺得無聊透頂，不值一提。三十五年來，這位朋友一直否定這一愛好，認為商人不應該把時間浪費在這種蠢事上。

在一個春意盎然的午後，我邀請他來觀賞我在花園中設計並鋪設的林中小徑，在當時，這對商人來說是非常不合時宜的提議，我甚至說要熱情款待他。

「我來不了，約翰，」他說，「下午我有件重要的事情要處理。」

「噢，但是，」我勸道，「你看到那些小徑的話，會感到前所未有的快樂——兩旁的大樹和……」

「約翰，繼續談你的樹木和小徑吧！今天下午有艘礦砂船要到，我正等著它呢！」他滿心歡喜地搓著手。「即便錯過欣賞基督教世界所有的林間小徑，我也不想錯過看它開進來的那一刻。」他為柏思麥鋼軌合夥公司提供礦砂，每噸售價一百二十至一百三十美元（相當於今日的三千六百六十五至三千九百七十美元），工廠就算停工一分鐘等礦砂，對他來說都像是錯過了一生的機遇。

於是他經常遙望湖面，精神緊繃，尋找著礦砂船的影子。有一天，一位朋友問他有看到船嗎？

「沒有，」他不情願地承認，「但它已經在望。」

礦砂業是克利夫蘭最具誘惑性的行業。五十年前，我的老雇主從馬凱特地區以每噸四美元（相當於今日的一二二美元）購進礦砂，數年後，這個林間小徑設計者正以每噸八十美分（相當於今日的二十五美元）的價格大量購進礦砂，由此發家致富。

這是我在礦砂業發展的經歷，將在後面繼續講述。我想先提一下我精心研究了三十多年的愛好——園藝景觀設計。

景觀道路設計的樂趣

很多人包括一些老朋友，對我自稱是個業餘園藝景觀設計師都感到驚奇。當我們需要決定在波肯提克山莊的什麼位置建造新房子時，家人甚至還聘請了一位專業的景觀設計師，以防止我破壞家中的美景。我的優勢，在於熟悉這裡的每一寸土地，對每一個角度的風景都瞭若指掌，所有的參天大樹都是我的朋友——我已經研究了不下幾百遍了；於是，在這位設計師設計好方案，畫出草圖後，我詢問是否也可以參與這項工作。

幾天後，我就設計出了圖紙，道路的設計剛好捕捉到上山途中令人驚豔的景觀。路的盡頭，河流、山巒、白雲和鄉村美景相映成趣，這就是我所規畫出的道路及房屋的最佳位置。

「仔細權衡哪個方案更好？」我說。這位專業人士最終採取我的方案，認為我的規畫可以展現最美麗的景觀，並同意了房子的選址，這令我十分自豪。我不知道自己到底利用業餘時間設計了多少景觀，可以肯定的是，我經常為此殫精竭

位於波肯提克山莊内的洛克斐勒莊園

慮，思考到深夜。我時常要考察路況，直到天黑無法看清小標樁和標記時才回來。這些談論可能看起來有點自吹自擂，但這或許能為文章增添些趣味性，因為大部分的篇章都是在談論生意上的事情。

我做生意的方式讓我擁有了更多的自由，這與同時期一些經營有方的商人不同。即使標準石油公司的業務轉移到紐約之後，我大部分時間仍然是待在克利夫蘭的家中，除非是有必須出席的場合。大部分時間，我都是透過電報處理公司事務，留出了充足的時間發展自己感興趣的事情——包括規畫景觀路、植樹、培植小樹苗。

在我經營的所有項目中，我認為收益最豐厚的就是我的小苗圃。我們保留了每一片苗圃的帳本，不久前，我驚訝地發現從威斯特郡移植到紐澤西州雷克伍德的幼苗，經過幾年的生長，已經大大升值。我們種了上千棵幼樹，尤其是常綠樹——我認為可以種上萬棵樹，用於日後的種植計畫。如果將幼樹從波肯提克山莊移植到雷克伍德的家裡，我們自己做自己的客戶，從波肯提克山莊買入幼樹時的價格是每株五或十美分，但出售給雷克伍德的家中，按市場價格計算，其價格每株可以達到一．五或二美元（相當於今日的四十六美元與六十一美元），我們可以小賺一筆。

種植業和其他行業一樣，大規模的投資容易顯露優勢。種植和移植大樹的快樂和滿足感，一直是我巨大興趣的源泉——我所指的大樹是直徑在二十五至五十公分的樹，或者更粗的樹。我們購置挖樹機，與工人一起工作，只要你學會與樹木相處，你將能自由地處理它們。我們移植的樹大多是二十一或二十四公尺高，也有達到二十七公尺的。當然，這些都不是幼樹了。我們曾嘗試移植各種樹，甚至包括一些專家認為不可能移植成功的樹。或許最大膽的嘗試，就是移植七葉樹了。我們遠距離運輸這些大樹，有的樹甚至是在開花之後才被移植，每棵樹的運輸成本是二十美元（相當於今日的六百一十美元），絕大部分樹都能成活。我們大膽嘗試移植不合季節的植物，取得了令人滿意的成效。

我們嘗試了數百棵不同種類、季節性及非季節性的植物移植，包括剛開始學習移植這門技藝時起，總的損失控制在百分之十內，可能更接近百分之六或七；單季中移植的失敗率大概是百分之三。我必須坦承，有時大樹在移植後會出現兩年的生長停滯期，但這是小問題，因為已不再年輕的人總是希望馬上看到他們想要的效果，而現代的挖樹機可以幫他們實現夢想。我們曾將大叢的雲杉分類、排列，以達到我們想要的目標，有時甚至用雲杉覆蓋一整片山坡。橡樹在幼苗時容易移植，長大成樹便很難移植成功。橡樹和山胡桃樹接近成樹時，我們也不對其移植；但我們曾經連續成功移植了椴木三次。移植樺樹有點棘手，但除西洋杉之外，常綠喬木幾乎都可以移植成功。

我很早便對園林規畫產生熱情。記得小時候，我想砍掉餐廳窗外的一棵大樹，覺得它擋住了窗外的美景。家裡有人反對這一想法，但我認為親愛的母親會贊同這一決定，因為她曾說：「孩子，我們在八點吃早餐，我想，如果在我們坐下來吃飯之前，這棵樹就被砍倒了，大家就會因為看到了被樹擋住的美景而不再抱怨。」

於是我便這樣做了。

第二章

獲取財富是困難的技藝

家庭教育

我很感激父親，他教會我許多實用的技藝。他曾就職多家不同企業，因而時常跟我講起工作上的事，並向我解釋它們的意義，教給我許多做生意的原則和方法。很小的時候，我就有一本小本子，用來記錄我的收支情況，和定期的小筆捐款。我至今還保留著它，把它叫做「記帳本A」。

我很慶幸生在中等收入者的家庭，一般來說，他們比富有人家的生活更加和諧，因為家庭事務需要全家參與，而不是由傭人代勞。七、八歲時，我就在媽媽的支持下首次創業，做成了第一筆買賣。我養了一群火雞，媽媽給了我一些牛奶的凝乳作為飼料來餵養牠們。我細心照料著牠們，養大後把牠們賣掉。我在帳本上一絲不苟地記錄，裡面幾乎全都是利潤，因為沒有什麼需要支出的。

我非常享受這種小生意。至今閉上眼時仍可以看到那群優雅而高貴的火雞沿著小溪靜靜踱步，穿過叢林，溜回自己的窩。直到今天，我依舊喜歡觀察、研究火雞。

母親對我們的管教十分嚴厲，我們一有變壞的苗頭，她便用樺樹條打我們。有一次，我因為在學校做了一件不合宜的事，被媽媽打了一頓。打完之後，我覺得應該要解釋自己是無辜的。

「沒關係，」媽媽說，「這次既然已經打了，下次你犯錯可以抵銷不打。」很多時候，媽媽還是比較公正的。大人們嚴格禁止我們晚上溜冰。一天晚上，我們幾個男孩子實在忍不住，偷溜了出去。還沒有開始溜冰，我們就聽到了求救聲，發現是一個鄰居踩碎了冰，掉到水裡。我們找了一根長竿，伸到水中，救了他一命。他的家人對我們萬分感激。雖然並不是每一次溜冰都會救人一命，但我和弟弟威廉一致認為，儘管沒有聽大人的話，但畢竟做了好事，所以可以減輕對自己的責罰。後來證明，這種想法是錯誤的。

開始工作

十六歲時，我即將中學畢業，家人原本計畫送我去讀大學，但後來還是覺得應該先讓我去克利夫蘭的商業學校學習幾個月。學校裡教授簿記和一些商業貿易的基本原則，雖然只學了幾個月，卻讓我獲益匪淺。但是如何找到工作——仍然是個問題。幾週時間，我走遍大街小巷，費盡口舌，詢問商人和店主是否需要雇人，但我的自薦均以失敗告終。他們不願意雇用小孩，甚至有些人連跟我談論這個話題的耐心都沒有。終於，克利夫蘭碼頭有一個人讓我吃完午飯後去他那裡。這份工作機會讓我欣喜若狂。

我焦慮萬分，生怕失去這個好不容易爭取到的機會。終於，約定的時間到了，我來到未來雇主那裡，進行了自我介紹。

「我們將給你一個機會。」他說，卻沒有提到薪酬的問題。這一天是一八五五年九月二十六日，我興沖沖地到休伊特與塔特爾公司上班了。

我在工作上是有優勢的。前面提過，父親對我進行的培訓很實用，商業學校的課程也教會了我許多商業知識，為我打下了一定的基礎。更幸運的是，我在一位優秀簿記員的指導下工作，這讓我受益匪淺。這位前輩紀律嚴明，對我很友善。

到了一八五六年一月的時候，塔特爾先生給了我五十美元，作為我工作三個月的薪資。毫無疑問，這是我應得的報酬，我對此十分滿意。

第二年，我的月薪是二十五美元，還是原來的職位，學習各方面業務及與公司業務相關的文書工作。公司的主要業務是代理農產品批發和運輸，我所在的部門負責帳務。我的上司是公司的總簿記員，加上分紅，他的年薪是二千美元。第一年年底時，他離開了公司，我接任了他的工作，年薪是五百美元。

回首這段學徒生涯，我感觸頗多，這段生活對我後來的事業發展產生了深遠影響。

首先，我的工作地點就在公司裡。他們討論公司事務，制定計畫和做決策時，我幾乎都在現場。於是，我比同齡人擁有了更多優勢。這些孩子的反應可能比我快，計算和寫作也可能比我好，但卻沒有我這麼好的機遇。公司經營的業務多、範圍廣，我所受的鍛鍊、學到的東西也非常多。公司旗下有住宅區、倉庫、辦公樓等不動產供出租，我負責收租金。公司透過鐵路、運河和湖泊運輸貨物，經常需要進行各種各樣的談判和交易，這些也是我在密切跟進的。

和當今的辦公室人員相比，我當時的工作要有趣得多。我很享受工作帶來的快樂。漸漸掌管了所有的帳目審計，而我也認真地履行著自己的職責。

記得有一天，我在鄰居的公司裡，正好遇到當地一名水管工前來收帳。這位鄰居業務繁忙，我總覺得他擁有的公司多不勝數。他只瞥了一眼帳單，就對簿記員說：「把錢付了吧！」

我們公司也聘用了這名工人。每次收帳時，我都要認真地檢查帳單，仔細核對每一項收費，即使是一分錢也要替公司節省下來，決不會像這位鄰居一樣敷衍了事。我的觀點跟今天許多年輕人一樣，我必須認真核對帳單，避免讓老闆的錢白白流進別人的口袋，比花自己的錢還要小心謹慎。我篤定，像我鄰居那樣做生意是不會成功的。

遞送帳單、收租金、處理索賠等工作，使我有機會接觸到各種人。我必須學會和不同的人打交道，協調好他們與公司的關係。談判的技巧非常重要，我竭盡所能地爭取圓滿結果。

例如，我們經常接收從佛蒙特州到克利夫蘭的大理石，此類運輸涉及鐵路、運河、湖泊運輸。運輸過程中出現的貨損、貨差須由三個承運人共同承擔，而三方承擔的責任大小是事先約定好的。對於一個十七歲的男孩來說，如何處理好這個問題，讓包括老闆在內的相關各方滿意，確實是很費腦力的事。但這對我來說並不困難，印象中，我從沒有和承運人有過糾紛。十七歲，是一個易受外界影響的年齡，而我在那個年齡層，在處理事務遇到緊急情況時，能夠得到前輩的指教——這是彌足珍貴的經歷。這是我學習談判原則邁出的第一步，後面我會更深入地談到這一點。

在盡心盡責地工作中得到的鍛鍊，使我獲益匪淺。

我估計，我當時的薪水遠不及今天同等職位的人薪水的一半。第二年，我的年薪為七百美元，但我覺得應該得到八百美元。四月時，我和公司就這個問題產生分歧，此時正好有一個做生意的好機會，我便辭職了。

當時的克利夫蘭，人們幾乎都彼此認識。有一個叫克拉克的年輕人——可能比我大十歲——正在尋找合夥人開公司。他有二千美元資金，要求合夥人也提供相同的資金。這對我來說是個好機會，我已經存了七、八百美元（約今日的二萬

一、二萬四美元），關鍵是如何湊夠剩下的錢。

我和父親談了這件事情，他說原本就打算在每個孩子滿二十一歲時，都給一千美元（相當於今日的三萬美元）。如果我現在就要用錢，他可以預支給我，但在二十一歲之前，我必須支付利息給他。

「但是，約翰，」他補充道，「利率是百分之十。」

當時，對於此類貸款，百分之十的年利率是很常見的。銀行的利率可能不會這麼高，但金融機構不可能滿足這類貸款要求，所以出現了私人貸款。因急需這筆錢入夥，我欣然接受了這個條件，拿到錢，成為新公司的合夥人。新成立的公司叫克拉克與洛克斐勒公司。

能自己當老闆令我心滿意足，充滿了自豪——我是一家擁有四千美元（相當於今日的十二萬二千美元）資金的公司合夥人！克拉克先生負責採購和銷售，我負責融資和記帳。我們主營貨物運輸，生意很快就做大，自然需要更多資金拓展業務。除了向銀行借款外，沒有更好辦法了。問題是，銀行會借給我們嗎？

第一筆貸款

我找了一位相識的銀行總裁。我很渴望得到那筆借款，並與之建立起良好的合作關係。銀行總裁叫漢迪，是一位友善、溫和的老紳士，性格出了名的好。五十年來，他一直致力於幫助年輕人。當我還在就學時，他就認識我了。我向他坦承公司的所有情況和業務內容，以及錢的用途等等。之後，我便誠惶誠恐又滿懷期待地等待著他的答覆。

「你需要多少錢？」他問。

「二千美元。」

「好的，洛克斐勒先生，我們借給你，」他回答道，「只需要把你們的倉庫收據給我就可以了。」

離開銀行時，我簡直欣喜若狂，並感到驕傲——我強忍著喜悅，想到銀行借給我的二千美元（相當於今日的六萬一千美元），頓時覺得自己是圈子裡舉足輕重的人物了。

此後，漢迪先生成為我多年的好友。他在我需要資金時貸款給我，而我幾乎每時每刻都需要資金，他都會借給我。後來，我懷著感激之情，推薦他買一些標準石油公司的股票進行投資。他表示想買，但手頭沒有閒錢，於是我提出借錢給他的建議。最後，他不僅收回了本金，還獲得了相當豐厚的利潤。這麼多年來，他一直對我如此信任，讓我備感榮幸。

恪守經營原則

漢迪先生相信我們會採取保守、適當的經營策略來管理公司，所以才如此信任我們。我清楚記得當時發生了一件事，這件事說明了有時要堅守自己認為正確的商業原則是多麼地困難。那時公司成立沒有多久，我們最重要的客戶——貨運量最多的客戶——提出要求，希望在拿到提貨單前，我們能先把貨給他。我們很想滿足這個客戶的要求，但作為公司的財務人員，儘管擔心會失去這個顧客，我仍然拒絕了這一請求。

這事非同小可，我的合夥人對於我的拒絕很不耐煩。於是，我決定親自拜訪這位客戶化解尷尬。我總能幸運地贏得陌生人的友誼，加上合夥人的不滿情緒，這些激勵著我背水一戰。我認為自己能夠讓這位客戶明白，他的提議將會立下一個不好的先例。反覆思考後，我認為自己的說理邏輯性強，能夠令人信服。見面後，我向他陳述了所有論據，然而他勃然大怒，拒絕認同我的想法。我不得不羞愧地向合夥人承認自己的失敗。顯然，我一無所獲。

我的合夥人很擔心失去最重要的客戶，但我堅持認為應該恪守原則，不能答應貨主提出的無理要求。最後事情並沒有想像的那麼糟，我們驚訝地發現他仍然和我們保持業務合作，就好像什麼事都沒發生過，這讓我們十分感動。後來我得知，諾沃克一位地方銀行家叫約翰．加德納，與這名客戶關係匪淺，一直密切關注著這件事。直到今天，我仍認為是加德納建議他用這種方法考驗我們的商業原則。這個關於堅守商業原則的故事，也為我們帶來了許多商機。

差不多就在那時，我第一次嘗試拓展市場，尋找商機。我幾乎拜訪了附近所有與我們所從事的業務有關聯的人，也走遍了俄亥俄州和印第安那州。我認為拓展業務最好的方法是先簡單介紹公司情況，而不是急於推銷業務。我介紹克拉克與洛克斐勒公司經營產品貿易，我無意干擾他們當前的經營方式，但如果有機會，我們很樂意為他們提供服務……

令人振奮的是，生意很快上門，我們幾乎有點應付不過來了。公司成立的第一年，我們的銷售額便達到了五十萬美元（相當於今日的一千五百二十七萬美元）。

之後的很多年，我們不斷地需要資金來運營和拓展業務。儘管取得了一些成功，但每晚睡覺前，我都要告誡自己：

「這只是小小的成功，不久你就會失敗、跌倒。這才剛剛開始，你就以為自己是多麼了不起的商人了嗎？當心，不要昏了頭——慢慢來。」不斷的自我警醒，對我產生了深刻的影響。我擔心事業的成功只是曇花一現，因此不斷告訴自己，不要得意忘形。

我向父親借了許多錢。這種金錢關係使我產生了很大壓力。現在回憶起來會覺得挺輕鬆有趣，但當時卻並非如此。有時候，他會跟我說如果需要錢，他可以借一些給我。我當然很需要，所以即便是百分之十的利息，我仍然對父親感激不盡。但是，他卻經常在我最需要錢的時候，對我說：「兒子，我現在需要你還錢給我。」

「沒問題，我馬上還給你。」我會這樣回答他。我知道他只是在考驗我。他只是暫時把我還給他的錢收起來，之後還會再借給我。這點小壓力或許對我會有幫助，但其實我非常不喜歡他這樣考驗我的經濟能力和抗壓能力，不過我從來沒有把這一想法告訴過他。

百分之十的利率

向父親貸款的經歷，讓我想起了早年人們經常討論借款的利率問題。很多人都反對百分之十的利率，他們認為只有喪盡天良的人才會收取這樣高額的利息。但我認為，如果能夠得到更高收益，那麼這樣的利率也物超所值——如果借款不能獲得更高利益，人們就不會支付百分之十、百分之五，或者百分之八的利息。

當時，我一直需要借錢，所以從來不會質疑利率的高低。

我曾多次與別人討論這個問題，其中與親切的房東太太的討論最為激烈，給我留下了深刻印象。我和威廉上學時，曾寄宿在她家。我非常喜歡和她談話，她是個能幹的女人，也是個優秀的演説家。雖然每週只收一美元的食宿費，卻無微不至地照顧著我們，所以我更加喜歡她。當時的小鎮，食宿費基本上都是這個價錢，所有的農產品也都是自家種植的。

這位可敬的女士強烈反對放高利貸的行為，我們經常討論這個話題。她知道我經常向父親借錢，也知道他收取百分之十的利息。但世上所有爭論並不會對改變利率產生任何影響，只有在現金供給更加充足時，利率才會下降。

我發現，公眾對於商業問題的既有觀點，總是需要經過一段漫長的時間才能產生重大的轉變；我這發現跟已經驗證的經濟理論是相符的——倉促地制定立法，並不能改善與提升公眾的認知。

現在的人很難想像當時為企業籌集資金是多麼困難的事。在西部一些邊遠地區，貸款利率甚至更高，而這些貸款通常都由個人承擔風險。現在的商業環境已經與過去大不相同了。

反應迅速的借款人

說到向銀行貸款的事，我想起了一次最艱難的貸款經歷。我們要買下一家大型公司，需要幾十萬美元的現金，不能用證券代替。我在中午接到這個消息，必須在三點前完成任務。我開車去了一家又一家銀行，和每個總裁或出納員溝通，希望他們盡可能在三點前為我準備好現金，晚一點我就來取款。我拜訪了城市裡所有的銀行，然後又折回到各家銀行取錢。就這樣，終於在三點前完成了交易。

早年的我是一個永不停息的旅行者，每天忙著視察工廠、開發新客戶、拜訪老朋友、制定企業拓展計畫——所有這些工作都需要高效地完成。

募集教會資金

十七、八歲時，我當選為教堂理事。這是一個教會的分會場，我經常聽到主堂的教友對我們品頭論足，似乎我們辦得沒有主堂好。這讓我下定決心爭一口氣，向他們證明我們能夠自力更生。

我們的教堂不大，並抵押借款了二千美元（相當於今日的六萬一千美元），這對教堂來說很不光彩。

債權人一直催促教會還款，但卻幾乎連利息都收不回。終於，債主威脅要把教堂賣掉。這位債主也是教會理事，但他仍執意要求還錢，或許他真的急需這筆錢。總而言之，他要賣掉教堂，拿回他的錢。最後，在一個週日上午，牧師在講壇上宣布，我們要向教友籌集二千美元，否則就會失去教堂。於是，我便站在教堂門口，向前來做禮拜的教友募集資金。

我攔住每一個經過的人，說服他們捐錢幫助教堂度過難關。我情真意切，極力勸說。有人答應捐款後，我就把名字和捐贈金額記在我的小本子上，再接著說服下一個人。

這次募款持續了幾個月。捐款有幾美分的，也有慷慨一點的人承諾每個星期捐二十五美分或五十美分（相當於今日的八美元與十六美元）。透過這些小額的募捐，籌集夠二千美元的善款，確實是一項大工程。這個計畫深深吸引了我，使我全心投入其中。這件事情及其他類似的事，點燃了我第一次想要賺錢的念頭。

儘管困難重重，我們還是籌集到了二千美元，還清了債務。那是揚眉吐氣的一天，我希望主堂的人會對我們刮目相看，並為當初的輕視感到羞愧。但現在我已經想不起來，他們當時是否有對我們自以為了不起的作為感到吃驚。

那時募集資金、完成任務的經歷，對我來說充滿了樂趣，我把它當成一種驕傲，而不是羞恥。直到後來，身上的擔子愈來愈重，事務愈來愈多，我才讓別人接手來做這些事情。

第三章

標準石油公司

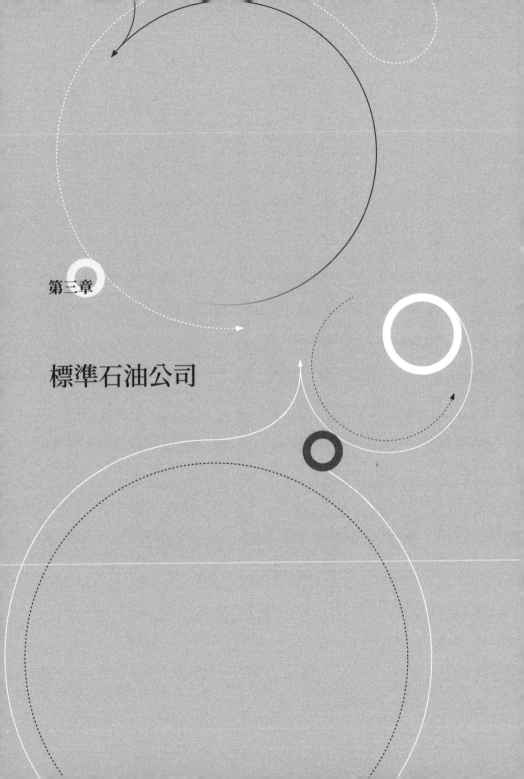

無懼流言蜚語

在一個人員眾多、機構龐大的企業中，如果沒有一兩個行事獨特、備受爭議的人，那是很不尋常的。即便在相對小規模的組織中，也難免會有一些頗受非議的人。僅從這些少數人的行為來評斷整個企業的是非好壞，顯然有失公允。

有人說我強迫石油界的人加盟企業，我還不至於如此目光短淺。如果我果真使用這種伎倆，我們還會維持一生的友誼嗎？他們還會甘願長年留守在公司，擔任重要的職位嗎？而且，假如他們是這樣的軟弱可欺，我們又怎麼可能形成一個這樣強大而和諧的團隊？彼此間失去公平、和睦的相處模式，這個強大的團隊就不會得到延續，也不會像現在這樣愈來愈強大。十四年來，我幾乎不再參與公司的經營，近十年中，我只去過一次公司的辦公室。

一九〇七年夏天，我再次來到了標準石油公司辦公樓頂層的房間，這是公司的高階主管和部門經理共進午餐的地方。我驚奇地發現，很多之前還是小職員的人，現今已升職成為公司的中堅力量。我與新舊同事進行交流，欣喜地發現那種

位於紐約百老匯的標準石油公司總部

親密合作的氛圍依舊沒有改變。百餘人和睦融洽地坐在長桌子旁共進午餐，是我一直所提倡的，雖然看起來也許是微不足道的事。如果他們是被迫建立這種關係，他們還會持續跟對方融洽相處嗎？人們是不可能在強迫中保持長期而友好的關係的。

多年來，標準石油公司穩步發展，隨著企業的效率提高、成本降低，石油產品的價格將會大大降低，使人們享受到更好的服務。標準石油公司的服務逐漸覆蓋了中心城市，又延伸至城鎮，現在進入各個角落，遍及每家每戶，將石油送到了每個用戶手中，為他們帶來了便利。標準石油的服務遍布全球，公司擁有三千輛油罐車，將美國石油輸送到歐洲的城鎮鄉村。用類似的方法，標準石油向日本、中國、印度，以及其他一些主要國家運送石油。正是透過我們的辛勤勞作，石油貿易才能有如此巨大的發展。

直接向消費者銷售產品的策略，以及公司的快速發展引起了某些對立情緒，我認為這是不可避免的。但是據我所知，直銷的做法後來也被許多其他行業仿效，卻並沒有帶來如此強烈的反對。

這種現象很值得注意也很重要。我經常思考，是不是因為我們的領頭羊地位，是最早一批採用直銷模式的公司之一，所以批評的矛頭就對準了我們。但我們始終本著公平的原則，充分考慮了每一方的權益。我們並沒有透過壓低價格或利用商業間諜將對手逼入絕境。我們只是為自己設定了有效目標，以求最快、最廣泛地擴大石油消費量。讓我來具體說明一下當時的情況吧。

為了得到石油行業的優勢地位，我們盡最大努力開拓市場——我們需要擴大消費量。為了達到這個目的，我們必須開發新的消費管道；我們必須賣出比以前多一倍、兩倍或三倍的石油，傳統的銷售管道無法滿足我們的目標。我們從未故意干擾其他石油商人的地盤，但如果發現新的商機或新的銷售區域，我們就會不遺餘力地去爭取。於是，我們開發了很多其他人也在經營的業務。公司快速發展，新生力量不斷加入，特別是一些管理人員。當然，最好的方法是從公司內部員工中提拔，但由於公司發展得太快，內部資源不足，只能從外部招聘。部分新員工不熟悉企業文化，一味熱衷於追求銷售額，這其實是很正常的，但他們的行為卻完全違背了公司的經營理念與商業道德。雖然在公司眾多的業務往來中，這種情況只是滄海一粟，但確實背離了之前提到的商業原則。

多年來，標準石油公司每週為這個國家創造一百多萬美元（相當於今日的三千多萬美元）的財富，全部來自於美國人民辛勤勞動生產的產品。我為這一紀錄感到自豪，我相信，在人們進一步了解真相後，大部分美國人也會跟我一樣感到自豪。推進對外貿易的發展、以最經濟的方式批量運輸石油、派遣員工征戰世界市場，所有這些都需要大量的資金。除了今天的標準石油公司，任何其他公司都沒有能力籌集或掌控如此龐大的資金。

要想了解真實情況，必須掌握時代背景。在當時，石油行業被看作是最危險的行業，有點類似於今天受到熱議的採礦業。我有一位傑出的老友湯瑪斯·阿米特吉，四十年來一直在紐約的一個大教堂裡擔任牧師。他曾告誡我，擴建工廠和企業規模是一個愚蠢至極的決定。他斷言我們正冒著巨大的風險，因為石油可能隨時枯竭，需求將會下降。在我看來，幾乎所有人都預言我們的公司將一敗塗地，以破產而告終。

我們從沒想過公司後來的規模會發展得如此龐大。我們勤勤懇懇地工作，解決問題，展望未來，設定近期目標，把握機遇，每一步都走得堅實而穩固。正如以前一樣，資金仍然是一個大問題，因為這一冒險行業很難吸引到保守的投資者。雖然財力雄厚的人偶爾也會給予我一定限度的支持，但仍不敢涉足這一行業。有時，他們也會嘗試購買一點我們的股票，但我們深知，當新股上市時，他們總會以各種理由拒絕購買。

這是一個新興產業，因此公司的成功時常受到一些股東的懷疑，所以我們不得不經常衡量評估情勢，以避免產品滯銷、乏人問津，但我們對公司的基本價值充滿信心，所以願意承擔風險。在這類事業中，總有一些人為了信念與夢想孤注一擲，如果失敗了，他們就會被列為不切實際的冒險家，也許原因就在此。

公司六萬名員工年復一年地忙碌著。去年經濟不景氣時，標準石油公司仍然能夠維持之前的計畫，沒有因不景氣而拖延新工廠和新樓房建設的工期，依舊支付給員工較高的薪酬，提供完善的醫療保險和養老制度。標準石油從來沒有發生過大規模的罷工。一個企業，無論興衰，都應首先保障員工的福利，我不知道還有什麼比這更好的企業管理方法了。

另外值得一提的是，我們這隻所謂的「八爪章魚」[1]，在資金管理方面沒有任何「灌水」（可能是因為我們覺得水和油無法相溶）；這些年裡，標準石油公司也沒有欠過債務，儘管我們經歷過各種災難和損失，但從來沒有對公開發行的債券和股票做過手腳，將損失轉嫁給公眾；我們從未進行過銀團包銷或任何形式的股票拋售，而且只要是國家需要，我們都會設法資助新油田的開發。

人們經常說標準石油公司惡意競爭，擊垮了其他競爭對手，這是無知的人才會發出的論調。企業總是要面臨競爭，過去、現在、將來都是如此。只有經營有方、保持旺盛活力的企業，才能生存下來。這裡簡單談論一下競爭。不光是煉油行業中的競爭，就算是石油副產品的企業間的競爭都相當激烈，而國外市場上的競爭就要更加激烈。

標準石油公司一直在與俄國大油田的石油產品進行競爭，搶占歐洲市場，同時還要與占有印度市場的緬甸石油抗衡。我們在這些國家中遭遇到重重困難，如故意抬高關稅、地域歧視及奇特的風俗習慣等等。在世界上最偏遠的地方，我們甚至用駱駝運輸石油，或者人力搬運；我們不斷調整策略，以適應不同人群的需求。當我們在海外市場取得了成功，就意味著會有大筆的財富輸入我們的國家；失敗則意味著給我們的國民帶來了損失。

位於華盛頓的國務院是我們最大的支持者，為我們提供了莫大的幫助。我們的大使、公使和領事協助我們開發海外市場，把產品推向了世界的各個角落。

十四年前，我退出商界。這期間，標準石油輝煌發展，偉績不斷。因此，今天我可以如此坦誠而激動地談論這一切。

標準石油公司能夠有今天的成就，並非一帆風順。她的成功不屬於任何一個人，而是要歸功於齊心合力、共謀發展的優秀團隊。如果管理階層放鬆要求，降低對產品品質的要求，或者不懂得掌握客戶心理，公司怎麼可能生存下去？若非如此，即使成功也只能是曇花一現。有些關於標準石油公司的報導，可能會讓人們覺得，在這個占有壟斷地位的石油企業中，管理人員似乎什麼都不用做，只需

1 一九〇四年，政治諷刺漫畫家烏多．凱普勒（Udo J. Keppler）將標準石油描繪成像一隻章魚一樣，將觸手伸進鋼鐵、銅業和航運業，以及州議會和美國國會大廈，甚至伸向白宮，控制著政府與民眾。

烏多．凱普勒描繪標準石油公司的諷刺漫畫

要享受分紅就可以了。事實完全不是這樣。藉此機會，我很榮幸地向那些辛勤工作的同事致敬，他們不僅為公司提供了很好的服務，為國家的對外貿易也做出了卓越的貢獻，因為公司的大半產品都銷往國外。如果公司不是由他們管理，而是被不實報導中所描述的那種人掌控，我一定會不惜一切賣掉自己的股份。企業要想取得成功，必須擁有最優秀和忠誠的管理人員，而這些優秀的人才自然也會坐上高層的位置。下面我會談一下標準石油的起源和早期規畫。

現代企業

直到今天，企業集團仍受到公眾的質疑。總的來說，這種質疑是情有可原的，就像人有善惡之分一樣，公司也有正邪兩面。但不能因為一部分公司的行為不端，就譴責、懷疑所有的公司。企業集團的形式和特徵能夠保留下來，就說明了它有存在的價值，並非一無是處。甚至很多小公司也在向企業集團的方向過渡，因為這是一種極為便利的合作形式。

事實證明，資金聯合是一種必然趨勢。只要企業集團合理運作，維護其他人應有的利益，就不會構成任何危險。依靠個人力量單槍匹馬求生存的時代已經一去不復返了。就如同選擇拋棄先進高效的機器設備，回到手工勞作的時代，這是一種歷史的倒退行為，我們不可能回到過去了。大企業集團的股東數量正以前所未有的速度迅猛增長，在在證明了這種形勢的發展是不可逆轉的。這意味著所有人都可以成為企業集團的合夥人。這是一個非常好的現象，企業集團的管理者因此而產生更強烈的責任感，也促使擁有股份的人在譴責和質疑公司之前，能夠更加公正的對待事實，得出客觀的答案。

我時常就工業生產聯合化的問題發表觀點，我從來沒有改變也不憚於重申我的立場，特別是現在——這個問題再次引發公眾熱議的時候。

產業聯合的主要優勢，在於人員的合作和資金的累加，一個人很難完成的事情可以由兩個人合作完成。如果你可以接受此觀點，即小範圍的合作或者類似的產業聯合是有必要的，那麼實際上你就承認了這種聯合的必然趨勢。對於小企業來說，兩個合夥人足矣，但如果企業不斷發展，就會需要吸收更多合夥人的加盟和更豐富的資金流量，於是企業集團便應運而生。在大部分國家，比如英國，產業聯合得到了充分發展，但在美國卻非如此。聯邦政府的各個州的法令有所區別，於是每個州的企業被隔離開來，商人們只能分開處理不同州的業務，企業不能在各個州設立分支機構，而只能在各個州單獨開設新的公司。今天的美國人已經不再滿足於只擁有國內市場，在向海外擴展市場時，組建企業集團就會顯出它的巨大優勢，特別是在一些排斥外國產品的歐洲國家裡，推行企業聯合這種形式就更有必要了。於是，同一行業裡的企業便聯合起來，成立股份公司。

現在才討論產業聯合的優勢已經太晚了，它們已經形成一種必然的趨勢。如果美國人想將自己的事業擴展到聯邦各州，並試圖打開國際市場，就必須進行大規模的產業聯合，建立集團公司。

企業集團的危險在於產業聯合所形成的力量可能會被濫用，企業集團成立的目的有可能只是為了投機股票，而不是經營業務。如果是為了這一目的，市場價格就會居高不下。可能許多企業集團中都或多或少地存在一些權力的濫用，但這並不能成為反對企業聯合的理由，就如同我們不能因為蒸汽機存在爆炸的隱憂就拒絕使用它。蒸汽機是偉大的工業發明，它也可以被製造得更加安全。企業聯合也是必需的，其不利因素也可以得到有效控制；否則就要怪我們的立法者無能，無法促成工業上最重要的變革。

一八九九年，在工業委員會的聽證會上，我曾說過，如果可以由我制定產業聯合方面的法律法規，首先就需要聯邦法律使企業集團的建立與運營合法化；其次，盡可能統一各州的法律，鼓勵人才和資金的聯合，以推動工業發展，同時實施政府監管；扶植工業發展，反對蒙蔽公眾的行為。今天，我仍然堅持當時的看法。

新的機遇

我決不相信這個時代會有不利於人們發展的因素存在。我們正在進入經濟上的黃金時代，這一時代將帶給未來的年輕人無數寶貴的機會。我們經常聽年輕一代抱怨擁有的機會不如父輩們多，那是因為他們對我們這輩人所遭遇的困境所知太少。年輕時，所有的資源都未被開發，我們沒有開發的方法和設備，我們只能在披滿荊棘的道路上，艱難地探索前進；我們沒有前車之鑑提供經驗，況且還有最棘手的問題。當時人們對借貸並不了解，現在，我們擁有了整套完善的商業信用體系。當時所有的事情都雜亂無章，我們經歷了慘重的戰爭，以及隨之而來的重重災難。

比起當時，今天的機遇要優越一千倍。我們的土地上有豐富的資源正待開發；我們擁有巨大的國內市場，並且正向國外市場進軍，為其他發展程度落後於我們的人提供服務。在東方，四分之一的人才剛開始覺醒。現今的年輕人能夠繼承父輩的遺產，然而當初他們的父輩卻沒有這樣的遺產可繼承，相比之下，生活顯得貧困交加。儘管我是一個樂觀主義者，但對於美國未來將取得怎樣的成功，我仍持保留態度。

儘管具備了許多的優勢條件，但想要獲得最大的收益，我們還需要做很多事情。其中最重要的，就是在世界範圍內建立起美國的信譽。

我希望讓外國資本感覺到持有美國公司的股票是物超所值的，以此吸納到更多的資金。這就需要美國人能夠恪守誠信的原則，友善地對待國外投資者，讓他們不會後悔購買我們的證券。

我自己也投資了美國多家企業，但並沒有參與管理（只有一家企業例外，不過這家企業的分紅並不多）。像所有的股東一樣，我的利益完全依賴於公司誠信和高效的管理。我對這些公司的管理者有著百分之百的信心，相信我的資金能夠得到很好的運用。

美國商人

很多持悲觀論調的人都會給美國商人下論斷，說他們貪婪成性。過分相信報紙所說的人是愚蠢的，報紙所報導的只是一些極端事例，你不應該因此認為我們是這個國家的守財奴。一個人大多數時候都是按部就班的過日子，報紙自然就不會關注他的生活，可是一旦發生了一點特別的事情，他就會被當成噱頭刊登在報紙頭條上。儘管商人偶爾會成為公眾焦點，但你決不能用一些偶發事件來給他的整個生活下論斷。這些思想活躍的人工作的目的不只是為了賺錢——他們是帶著極大的熱情沉迷於此的。他們的工作熱情不只是源於積累財富，我曾說過，商業的標準在不斷提高，業務水準也需要不斷完善，這才是他們工作的內在動力。

很多人認為，金錢至上是我們國家的價值觀。我不同意這個觀點。如果真是這樣，我們應該是一個守財奴的民族，不會拿出那麼多的錢來建設國家。我也不會承認我們是一群心胸狹隘的人，只會嫉妒別人的成功。事實恰好相反：我們是最具野心的國家，一個人的成功會成為其他人前進的動力，而不是招來可恥的嫉妒心。說我們狹隘，完全是一種毀謗。

說起金錢至上和嫉妒的觀念，我想我們需要多一些像我的愛爾蘭鄰居那樣的幽默感。他建造了一棟我們都覺得難看極了的房子，從我們家窗子就可望見那十分刺眼的房屋顏色。我與他的品味大相逕庭，於是決定在我和他的房屋中間種植一些大樹，以隔開我們的視線。另一位鄰居看到這個情景，問這位愛爾蘭鄰居福利先生為什麼洛克斐勒先生要用這些大樹隔開兩棟房子。福利馬上用愛爾蘭式的幽默回答他：「因為他嫉妒我，他無法忍受整天看著我漂亮的房子。」

在我事業起步的初期，人們做事情的方式可能與現在沒有什麼不同。為了促進事業的發展，人們需要做出許多努力，幾乎所有人都認為自己的情況很獨特。有些人會做出一些愚蠢的、不合時宜的決定，而面對這些生硬的商業計畫，他會辯稱這對他來說具有多麼重要的意義。他不得不賠本出售商品，擾亂行業中其他人的商業計畫，因為他是如此「與眾不同」。但是，即便等到世界末日，他們所希冀的「完美的時機造就完美的機會」也不會到來，但他們依然堅信自己的行事風格，要說服他們幾乎是不可能的。

還有一些人，他們完全不了解自己的實際情況。這其中很多人聰明絕頂，但在理財方面卻一塌糊塗，甚至不清楚生意的盈虧，因此常常沒少折騰卻賺不到錢。面對商場的不景氣，很少有人願意面對現實，他們不願意研究自己的財務狀況，這對商人來說是致命的缺陷。從一開始，標準石油公司的管理者便清楚而準確地記錄每項收支。我們知道自己賺了多少錢，並且知道哪裡賺、哪裡賠。我們從來不做自欺欺人的事情。

我們一直堅持保守的商業理念，但商業的基本原則是固定不變的。有時，我會覺得現在的美國商人即使思維、反應速度、商業精神、行動力等等，各個方面都很優秀，卻仍然沒有參透商業管理的精髓部分。我一直強調必須坦誠面對自己的實際情況。很多人以為逃避這些問題就可以度過難關，但是自然法則卻不會允許這樣的事情發生，愈早認清現狀，就能愈早把問題處理好。

人們一直在討論薪酬，以及為什麼必須保證高薪酬的問題，例如鐵路工人為什麼必須給高薪。勞動者的報酬所得，應該要與他所付出的勞力相等。如果他沒有做這麼多工作，卻得到了更多的薪水，那他是在接受救濟，這就破壞了事物的平衡。你不能逃避現實，也不能改變商業的內在規則，否則必然失敗。這些道理聽上去簡單明瞭，卻仍然被許多人忽視。我們無法擺脫的現實是——商人必須不斷調整自己的情況以適應企業的發展和市場環境。有時候我會覺得美國人總是在尋找一條通往成功的捷徑，或許他們確實找到過；但工作中真正的效率來自於對自己現實情況的了解，以及腳踏實地的工作。

很多成功人士到了退休年紀仍然持續在商界拚搏，因為他們不願意賦閒在家，他們對自己的工作充滿了自豪，想要取得更多的成功與輝煌。然而，還有更偉大的人，他們為了給員工和合夥人爭取更多的利益而選擇留下，這些人是我們國家偉大的建造者。試想一下，如果所有事業興旺的美國商人在成功後便選擇退出商界，那麼會留下多少未完成事業的遺憾。當然，這種個人選擇我可以理解，也給予尊重。然而，富則兼濟天下，一個人在取得成功的同時也要承擔相應的責任，我們的社會公益機構非常需要美國商人的智慧以及他們的資金贊助。在這裡，我也向這些慷慨付出的人表示崇高敬意。

但這些人中也有許多只專注在他們的事業中，以至於沒有時間去想別的事情。如果浪費時間去做與生意無關的事情，他們便會充滿愧疚，好像那是一種恥辱。在參與一些募集資金的公益活動時，我常聽到下面這樣的話。

「我不是乞丐。」他們中很多人都會這樣說。我只能回答：「你這樣覺得，我感到很遺憾。」

我一生都是這樣的「乞丐」，而這種經歷對我而言不但有趣，而且彌足珍貴，在後面的章節中，我將對此進行詳細講述。

第四章

石油行業的經歷

涉足石油業

在我打算進入石油業時，克拉克與洛克斐勒的農產品生意已相當興隆。六〇年代初期，我們組建了一家公司，煉製和出售石油，開始步入石油業。該公司由梅塞爾・詹姆斯、理查・克拉克、薩繆爾・安德魯斯，以及克拉克與洛克斐勒公司組建。這是我與石油貿易的初次交鋒。隨著公司的發展，克拉克與洛克斐勒公司必須提供一筆巨額的專用資金。薩繆爾・安德魯斯先生在公司中主要負責石油生產，他還學會了用硫酸淨化原油的工藝。

一八六五年，公司決定解散。我們需要清算現金資產，還清債務，但工廠以及公司的品牌這一無形資產還沒有做出具體的處理辦法。有人建議採用競標的形式來決定所有者。我認為這是很公平的解決方法，問題在於競標時間以及由誰來主持。當時，我的合夥人找了一個律師協助處理此項事宜，而我從未考慮過聘請法律代表——我覺得這樣一個簡單的交易自己便可以解決。於是，我們當即決定由律師主持進行拍賣。大家一致同意，拍賣便開始了。

當時我已經決定進入石油行業，做大規模地投資，而不是把它當成副業。安德魯斯先生的想法和我一樣，並且願意跟我合作。我認為石油煉製業的前景無限，但沒有想到會有這麼多人也湧入石油業。於是我信心十足，準備了充足的資金，足以買下工廠及商標。而我也準備放棄克拉克與洛克斐勒公司的農產品貿易方面的業務——這一部分後來由我的老搭檔克拉克先生接管。

我記得當時的起拍價是五百美元。我先出價一千美元（相當於今日的三萬零五百美元）；他們出二千美元（相當於今日的六萬一千美元）。就這樣，價格逐漸上漲，誰都不願意放棄，價格逐漸上升到五萬美元（相當於今日的一百五十萬美元），這個價格已經遠遠超出了我們估計的公司價值。最後，價格又漲到了六萬美元（約今日的一百八十三萬美元）、七萬美元（約今日的二百一十三萬美元）！我對自己是否能夠支付這樣的價錢感到底氣不足。最終，對方出價七萬二千美元（約今日的二百一十九萬九千美元）。

「七萬二千五百（約今日的二百二十一萬四千美元）！」我幾乎是脫口而出。接著，克拉克先生對我說：

「約翰，我放棄了，這個公司是你的了。」

「我現在就付給你支票嗎？」我問道。

「不用，」克拉克先生說，「我相信你，方便時給我就行。」

於是，洛克斐勒與安德魯斯公司成立了，我正式涉足石油行業。自此至五十六歲退休，我在其中摸爬滾打了四十年。

大家對石油行業早期的歷史已經十分了解，無須贅述。原油淨化的工藝簡單，開始時利潤空間非常大，自然吸引了許多人投身其中：肉商、麵包師、燭檯製造商等紛紛開始煉油。很快地，投入市場的成品油便供過於求。於是，油價不斷下跌，這一行業面臨著崩潰的危險，必須擴展海外市場才能挽救頹勢，這是一個漫長而艱苦的發展過程。煉製工藝也亟需改進，以節約成本，增大利潤空間，並要充分利用所有的副產品，不能像一些工藝水準較低的煉油廠，把這些材料都扔掉。

我們在事業剛起步時便遇到了這些問題。當時正值經濟大蕭條，我們努力向鄰居和朋友推銷石油產品，以求在一片混亂中挽回部分訂單量。我們要拓展市場，全方位提高生產工藝，這對任何一家公司來說，都是無法獨自完成的任務。經過分析，我們認為只有依靠增加資金投入，吸收優秀的人才以及先進的經驗，形成規模效應，才能解決上述問題。

本著這種理念，我們開始併購最大型、最成功的煉油廠，對其實行集中管理，以實現更經濟高效地運營。公司發展的速度超出了我們的預期。

在許多有技術有能力的人的共同努力下，這家企業很快便在生產工藝、運輸條件、金融狀況、市場拓展等方面取得了領先地位。我們也曾遭遇困難與挫折，我們曾在火災中損失慘重，原油的供應也一直不穩定。我們經常需要不斷調整計畫，以適應動盪的市場環境。我們在石油中心建立了大型設施，豎立起儲油罐，連接了石油運輸管道；之後石油枯竭，我們的工作統統白費。石油業是一個巨大的投機行業，幸運的是，我們總能險度難關。這也讓我們漸漸學會了如何在這一艱難的行業生存。

海外市場

幾年前，曾有人問我公司是如何發展到現今這樣大的規模的，我回答道，我們最初只是俄亥俄州一個合營企業，之後發展成集團公司。對於一家本地煉油公司來說，這種成績已經很了不起。但是，如果僅僅依靠當地市場，我們早就破產了。我們必須把市場拓展至世界各地。沿海城市在發展海外市場方面擁有得天獨厚的優勢，在這些地方建廠，能夠使石油以更加便利和經濟的方式運輸到海外。於是，我們在布魯克林、巴約納、費城、巴爾的摩建立了煉油廠，並在各州成立了分公司。

我們很快又發現，原先所採用的用油桶運輸的方法，已經無法滿足當前需求。包裝的成本經常比石油的價格還高，並且我們國家的森林也無法再提供那麼多價格低廉的原物料。於是，我們轉而尋求其他的運輸方式，採用了輸油管道系統，並籌集到建設管道所需的資金。

建設輸油管道必須得到當地政府的授權——在當時設立分公司也同樣——就

標準石油在俄亥俄州克利夫蘭的一號煉油廠

像途經各個州的鐵路必須遵守各個州的法律一樣。管道系統的完善，需要巨額資金的支援。整個石油行業都依賴於這些輸油管道，如果沒有這些管道，消費者的花費就將增加，油井的價值就會因此而大打折扣。沒有這種運輸方式，整個石油行業的發展都將受到阻礙。

輸油管道系統還需要其他方面的改進，例如，鐵路系統上使用的油槽車，以及後來的用蒸汽引擎推進的油輪。所有這些都需要資金，以及相應的營運機構。

我們所走的每一步，都是企業穩健發展的必經之路。只有透過不斷地改善、進步，以及資本的大量積累，今天的美國才得以享用從她的土地裡源源不斷傾吐而出的財富，並為世界帶來光明。

標準石油公司的創建

一八六七年，威廉·洛克斐勒公司、洛克斐勒與安德魯斯公司、洛克斐勒公司、哈克尼斯和亨利·莫里森·弗拉格勒共同組建了洛克斐勒、安德魯斯與弗拉格勒公司。

成立這家公司的初衷，是希望聯合我們的技術和資金，採用更加經濟高效的經營方式，實現大規模經營，取代之前分散的小規模經營，形成更具競爭力的企業。隨著時間的推移，我們發現合作的可能性愈來愈大，有必要進一步加大投資；於是我們又說服其他人，再次籌資一百萬美元（相當於今日的三千零五十萬美元），終於創建了標準石油公司。後來我們找到了更多可以利用的資金，並且找到了感興趣的投資者。一八七二年，公司的資本增至二百五十萬美元（相當於今日的七千六百三十五萬美元）。到一八七四年，已經增加至三百五十萬美元（相當於今日的一億零六百九十萬美元）。隨著公司發展，我們開拓了許多國內外市場，吸引了大量的人才和資金，並創建了更多新公司。我們的目標一直未變，那就是透過提供最優質、最便宜的產品將企業發展壯大。

我覺得標準石油公司的成功，應歸功於我們始終如一的經營理念，即透過提供質優價廉的產品擴大客戶群。我們不惜花費鉅資採用最先進、最高效的製造工藝；我們廣納賢士，提供最豐厚的薪酬，吸引了大量優秀的專家及工人；我們果斷地棄用舊機器和舊工廠，建立新廠房，升級新設施；我們悉心考慮工廠的選址，爭取降低運輸成本；我們不僅開發主要產品的市場，而且也尋找所有可利用的副產品市場，竭盡全力將它們推向世界各地；我們不惜花費數百萬美元，建造輸油管道、特種車、油罐船和油罐車，降低石油採集和配送的成本；我們在全國各地的中心鐵路線旁建設補給站，節約了石油儲存和運輸的費用；我們對美國石油充滿信心，提供了大量的資金，壯大美國石油業，抑制了來自俄國及其他所有石油產出國的競爭。

安全保障方案

下面的例子，是獲取收益並贏得優勢的方式之一。

根據以往的經驗教訓，我們知道火災是石油煉製和儲存的大敵，透過將工廠分散到全國各地，我們便把這種風險和可能造成的損失降到了最低點。沒有火災可以摧毀我們，因為我們建立了一套完善的風險防禦體系，用於安全保障的準備金不會一瞬間便用完，那些將工廠建造在同一區域的企業則很有可能遭遇這種狀況。我們研究並完善預防火災的管理制度，不斷更新設備，完善計畫，最終使其所帶來的收益成為標準石油利潤的重要組成部分。

我們的安全保障方案效果顯著，火災造成的損失得到了有效控制，這些都是我們收益的組成部分，不僅是煉油公司的收益，還包括許多其他相關企業的收益，包括副產品的生產商，以及油桶、油罐船、油泵的生產商等等。

我們將全部精力都用於石油產品的經營，從未涉足其他外部風險投資，而是堅持完善自身組織。我們培養自己的人才，許多人都是從少年時代便開始接受我們的訓練；我們為他們提供最大的發展空間，提高他們的個人能力，培養他們對企業的忠誠度；他們可以購買公司的股票，而公司也會協助他們管理股票。我們的年輕人不僅在美國，而且在世界各地，都擁有自我提升的機會；我們也歡迎從前的合作夥伴的後輩加入公司。我敢說，無論在過去還是現在，標準石油都是一個忙碌而快樂的大家庭。

曾經有人問我，現在的管理層是否會經常諮詢我的意見。我想說，如果他們需要的話，我會十分樂意提供建議。但事實上，自退休以來，幾乎沒有人向我徵求過意見。但我仍然是大股東，在我退出公司的管理事務後，我的股票分額反而增加了。

那麼，標準石油是如何支付分紅的呢？

讓我解釋一下這個問題吧，或許會有人對此感興趣，但我也相信有些人會對此不以為然。標準石油公司每年有四次分紅：第一次在三月，一年中最繁忙的季節結束之後，比起其他季節，冬天石油的消費量最多，其他的三次分紅一般是每個季度一次。目前公司的股本是一億美元（相當於今日的三兆五千四百萬美元），紅利達到了百分之四十，但這並不意味著公司的收益是投資資金的百分之四十。事實上，這是公司營運三十五年或四十年來所有儲蓄和盈餘累加的結果。公司的股本已經增加了幾倍，沒有一分過剩資本或「水分」（不正當收益），這都是實際價值。如果把股本的增長算上，平均的紅利在百分之六至八。

正常的發展

讓我們來了解一下這些年來公司的資產增長幅度。當年輸油管道建造的時候，生產成本大約為現在的百分之五十。廣袤的油田買入時，仍然是一片未開發的土地，後來我們在這些土地上獲得了豐厚的產出。公司曾購買了大量低品質原油，很多人認為沒有什麼價值，但公司希望最終能夠將其充分利用。事實證明，這是明智的決定，因為隨著煉油工藝的發明，以及殘渣的回收再利用技術的進化，這些低品質原油的價值得到了大幅度提升。公司低價買入的碼頭經過規畫發展後，成為珍貴的資源。

我們還在重要的商業中心附近買下大片未開墾的土地。我們把工廠遷至這裡，充分利用當地的土地資源，不僅為我們自己的產業增值，也使附近的地價比原來增長了無數倍。無論在美國還是在其他國家，我們總會為了建造工廠而買下大片土地。我記得，我們曾以每英畝一千美元（相當於今日的三萬零五百美元）的價格買下一些荒地，而經過開發，那些土地的價值在三十五至四十年間翻了

四、五十倍。

其他人的財產也和我們一樣得到升值，但他們相應地擴大了股本，從而避開了我們所受的那些指責，而我們只是本著老式保守的觀念，繼續進行資本累積。

這並沒有什麼奇怪或神祕的，所有這些都遵從商業發展的自然法則。阿斯特家族[1]和其他許多房地產巨頭也是這樣經營的。

假設一個人以一千美元的資本起家，把大部分的收入積蓄起來而不是花掉它，用這些積蓄逐步擴大產業和投資份額，慢慢地將他的產業價值累積到了一萬美元，你不能因此只依據他最初創業的一千美元為基礎來計算他當前獲利的比率，這會顯得很愚蠢。

在這裡，我想再次申明，標準石油公司的管理者不應該遭到指責，而應該受到表揚。在這個充滿風險和投機性的行業裡，他們始終採取最為保守的經營路線，為企業奠定了扎實的基礎。標準石油每年的分紅從沒令股東失望過，而且持有標準石油公司股票的人愈來愈多。

資金管理

就像我曾説過的，我們從未嘗試透過證券交易所來出售標準石油公司的股票。早期，石油行業的風險很大，假如股票在證券交易所上市，毫無疑問，價格會出現劇烈波動。我們更願意全心全意地關注公司的合法發展，而不是在股票上進行投機。

我們用保守方式來妥善管理公司收益。有人批評我們只將公司擁有的實際資產的一小部分進行分紅，欺騙了投資者。但是，如果我們將股票在證券交易所上市，又可能被批評為採用促銷策略誘惑大眾進行投資。公司採用的是穩固根基，保守經營，經過早期籌集資金的艱辛，和在商海中多年的歷練，我們決定充分依靠自身資源求發展。我們從未過分依賴金融機構的幫助，而是依靠自己妥善管理

1 阿斯特家族，美國房地產家族，亦是經濟世家，以貿易起家。其家族首位富豪約翰·雅各布·阿斯特（John Jacob Astor），是美國第一批百萬富翁之一，也是美國第一個信託創始人。

公司財務，這不僅是為了保護自己的利益，也是隨時準備為陷入危難的其他人伸出援手。標準石油公司之所以備受指責，只是因為這些人對事情真相的一知半解。

很久之前，我便不再參與公司的管理事務，但我還是要說，那些在與外國製造商的激烈競爭中，致力於將美國石油推向全世界的人，應該受到讚賞和鼓勵。

關於標準石油從事所謂的投機活動的謠言四處散播，在這裡我想提一下這方面的事情。標準石油公司感興趣的領域，僅限於石油產品以及與之相關的合法事情。它建造生產油桶和油箱的工廠；生產油泵，抽取石油；它營運船舶，用以運輸石油，也擁有油罐車、輸油管道等等——但這些都與投機無關。石油行業本身已經具備足夠的投機性了，只有加強管理，保持清醒的頭腦，才能夠保證成功的經營。

公司給股東的分紅來自於石油行業中的收益。股東們可以隨心所欲地選擇他們認為合適的花錢方式，公司對股東的分紅絕對不具備任何支配權。標準石油公司並沒有擁有或控制「一系列銀行」，也沒有與任何銀行存在直接或間接的利益關係。她與銀行只有正常的業務往來，與其他的儲戶沒有什麼區別。她購買及出

ORGANIZED UNDER THE MANUFACTURING LAWS OF OHIO.
No.
Shares.
STANDARD OIL COMPANY
CAPITAL STOCK
$3,500,000.
ALL PAID.
35,000 SHARES.
$100 EACH.
This is to Certify that
is entitled to
Shares of One Hundred Dollars each
in the Capital Stock of the Standard Oil Company, transferable on the Books of the Company in person or by Attorney only on the surrender of this Certificate and due payment of all Liabilities on the part of the holder to the Company, subject to the provisions of Law and the By Laws of the Company.
This Certificate is valid only when signed by the President and Secretary.
Cleveland, O.
Secy
Prest

標準石油公司股票

售自己的股票，在漫長的歲月裡，這些交易使得她的匯票為全世界所接受。

性格決定一切

談起標準石油公司成立的初衷——大家應該還記得——並不只是資本的聯合，而是將此行業的優秀人才匯聚於此，這是我們真正的出發點。或許有必要再次強調，企業成功依賴的並不僅僅是資本、工廠以及嚴格意義上的物質財產。人的性格、能力，才是更具有決定性的因素。

一八七一年後期，我們開始購買克利夫蘭一些比較重要的煉油廠。當時情況混亂及不確定，使得很多煉油商都迫切地想退出這一行業。我們為這些急於出脫的賣家提供了兩種選擇：或是收取現金，或者是換取標準石油公司的股票。我們非常希望他們能換取公司股票，因為在當時資金對我們相當重要，但出於商業原則的考慮，我們最後還是決定給賣家有選擇的機會，大部分人都毫不猶豫地選擇了現金。錢能買到實質的東西，股票則不能確定其價值，對於重振石油市場的可能性，他們深表懷疑。

多年來，我們一直在收購煉油廠，這段時期，克利夫蘭很多重要的煉油廠都納入標準石油的旗下。不過，一些小規模的工廠仍然堅持繼續經營，不願像其他工廠一樣被收購。在一些地理位置比克利夫蘭更優越的煉油地，也有一些煉油廠經營得非常成功。

收購巴克斯

我們對這些煉油廠的收購，都是本著最大公平與誠信的原則在進行，然而流傳的一些毫無根據的故事版本，卻給人留下了賣家受到超級巨頭無情壓榨的印象。比如收購巴克斯石油公司資產的故事，就被添油加醋，極度扭曲。而我就像是從一位無依無靠的寡婦手上搶走了最珍貴的財產，只支付給她應有價值的一小部分作為補償。這個故事極具煽情效果，如若屬實，這將是一個駭人聽聞的大企業殘酷壓榨毫無反抗能力婦女的事件。這個故事廣為流傳，許多不明真相的人深信不疑，並因此對標準石油公司及我本人感到深惡痛絕。

儘管我多年來一直避免觸及這個話題，但今天還是要為大家詳細講述整件事情的經過。在克利夫蘭，巴克斯先生備受尊敬，我跟他是老朋友了。他於一八七四年去世，在那之前的幾年裡，他一直從事潤滑油生意。他去世後，他的生意由家人接管，並成立了巴克斯石油公司。

一八七八年末，標準石油公司購買了這家公司的一部分產權。接下來的談判持續了幾個星期，參與談判的是該公司大股東巴克斯夫人的代表查理斯·瑪律先生和我方的代表彼得·詹寧斯。我並沒有參與談判事宜，只是在這件事情剛剛開始籌畫時，巴克斯夫人約我到她府上討論產權購買的相關事宜，她談到了要向我們公司出售部分資產，並提出希望我本人參與此次談判。但我婉拒了這一要求，並解釋說我對談判的細節並不熟悉，建議她不要急於採取行動。她很擔心公司的未來，比如她說無法弄到足夠運輸石油的油車。雖然在當時我們也很需要油車，但她需要多少油車我們都可以借給她，其他方面若有困難，我們也會不遺餘力地給予幫助，她的生意在這之後不會有任何區別。但是，如果在經過深思熟慮後她還是想要出售產權，我們將派一些熟悉潤滑油行業的人與她共同磋商此事。她表示仍然希望將產權出售給標準石油，於是詹寧斯先生代表我方與其進行談判。我們的專家對巴克斯的工廠、商譽和繼承權的價值進行估算之後，我唯一做的，就是要求他們在總價上再加上一萬美元（相當於今日的三十萬零五千美元），以確保巴克斯夫人得到全額利潤。交易圓滿結束，和我們預期的一樣，我們付給了巴克斯夫人協商好的價格，她對整個交易都十分滿意。

然而，意想不到的是，交易結束後一兩天，我收到她的一封非常不友善的信，抱怨她受到了不公平的待遇。在調查事情的來龍去脈後，我寫了一封回信，內容如下：

尊敬的女士：

我們已於十一日收到了您的來信。這期間，我一直在回想收購巴克斯石油公司的股份談判過程中的每一個細節，以確定我是否做過任何冒犯及傷害您的事情。在您府上的會面中，我確實建議過您如果願意，可以適當保留一些巴克斯石油公司的股份，從而使您能夠繼續獲得該公司的利潤，但是我記得您的回答是，一旦決定將公司出售，就不會再想涉足這個行業。於是，您決定將股權全部出售，我們也做出了相應的安排。因此，當您後來提出購買一些股份時，我們只是根據之前的約定給您回覆，並不是您所提到的斷然拒絕。您在十一日的來信中指責我將巴克斯石油公司的業務從您手中搶走，這樣說實在有失公允。是否收購巴克斯石油公司並不是基於我自身的利益，而完全是爲您的利益著想。在此我直言不諱，並請您回想一下，兩年前，您就曾向我和弗拉格勒先生諮詢過，是否要將股份出售給羅斯先生。當時您急於將股份出售，獲得的現金要比現在低得多。而在我們的交易中，如果您接受延期付款，收益還會更多。現在我們爲購買巴克斯產權所支付的價格，是建造同等甚至更好設備的新公司的三倍成本；我慷慨地給予您六萬美元的收購價格，儘管公司的一些人認爲這個價格實在過高，但我仍然堅持給出這樣的價錢。如果您能夠重新審視您的來信，您會覺得對我做這樣的論斷，實在有失公平。我也希望您能夠充分認清此次交易的是非曲直。然而，考慮到您此刻的感受，現在我也給您如下一些處理建議：您可以收回巴克斯的產權，只需歸還我們已經投入的資金，就當我們從來沒有進行過此次交易。

如果您不願意接受這一提議，我將提供給您一百、兩百或三百股股票，您只要支付與我們購買時的相同股價即可。鑑於我們已開始在巴克斯石油公司投入資金，使公司的總資產增加了十萬美元，每股股價已升至一百美元。

您不必匆忙答覆。我將爲您留下三天時間考慮是接受還是拒絕我的提議。同時，請相信我的眞誠。

您忠誠的朋友

約翰・洛克斐勒

一八七八年十一月十三日

巴克斯夫人沒有接受我在信中所提的任何建議。為了表明以上的敍述並不是我的一面之詞，我將附上以下信件：第一份是巴克斯夫人已故先生的兄弟亨利・巴克斯的來信，他一直參與公司的經營。亨利・巴克斯先生完全是出於個人的意願寫給我這封信，在他的同意下，我現將此信公開。接著是當時代表巴克斯夫人參與談判的紳士們的一些摘錄和書面陳詞。我並不是想公開宣揚亨利．巴克斯先生在信中對我的溢美之詞，但為了保證原文的真實性，避免由此引起誤會，我還是要將信件完整地公布出來。

俄亥俄州．克利夫蘭

尊敬的約翰．洛克斐勒先生：

我不知道您是否能夠讀到這封信，您的祕書也許會隨手將它丟進垃圾桶，然而我還是決定給您寫這封信，否則我會於心不安。如果這封信因爲各種原因沒有被您讀到，那也不是我的過錯了。自從我已故兄弟的遺孀巴克斯夫人寫了一封無理的信，信中批評您購買巴克斯石油公司產權是不公正的行爲，我便一直想寫信給您，表明我對那封信件的態度。我擁有巴克斯石油公司的一小部分股份，我一直跟我的兄弟住在一起。那天，您應巴克斯夫人之邀到家中討論公司出售的事宜，那時我也剛好在家。她告訴詹寧斯先生希望可以直接與您談判。我打從一開始，就同意將公司出售給您。

我和巴克斯夫人共同經歷了與羅斯先生及麥洛尼先生交易的糾紛，盡我所能鼓勵她，防止羅斯先生占她的便宜。在我看來，巴克斯夫人是一位優秀的金融家，但她並不知道也不相信，她在金融方面最大的成功，便是將巴克斯石油公司出售給你們。她有所不知的是，如果在這競爭日益激烈的產業裡再待個五年，公司鐵定會破產，而且如果她再繼續背負著歐幾里得大街上的龐大債務，她將深陷其中，無法翻身；而能夠拯救她和石油公司的唯一轉機，便是洛克斐勒先生的方案。她認爲您從她那裡搶奪了上百萬的財富，讓她和孩子食不果腹，這種偏執的想法逐漸成爲一種病態的執念，沒有任何人能夠用任何理由說服她。她在很多方面都聰慧理智，但在這件事情上卻鑽進了牛角尖。當然，如果我們的公司運作良好並且繼續獲利，我是不會同意出售公司的，但這是不可能的。我知道是您要求在購買價格上又加了一萬美元；我知道您付出了三倍於公司價值的價格；我也知道正是把資產出售給您，才使我們避免了一敗塗地的命運。我這麼說只是想讓世人明白您所受到的不公正評斷，能夠讓我內心的愧疚因此得到舒緩。在公司出售之後，我去了水牛城，天眞地以爲可以東山再起，但很快便遭遇失敗。但我沒有死心，又去了杜魯斯，站在風口浪尖，直到房地產的泡沫經濟破滅，我也徹底破產了。我經歷了人生的大起大落，但這一切都是我自作自受，我學會自己給自己療傷，樂觀地面對現實，而不是一蹶不振地指責約翰．洛克斐勒讓我遭受損失。一兩天前，我與俄亥俄州管道公司的主管哈納芬先生聊起老巴克斯石油公司出售的事情，才鼓起勇氣寫給您這封信，不然或許要等許多年後才會寫這封信。即使是現在，這封信也已經拖得太久了。那次交談讓我重新燃起了寫信的念頭，也因此了卻了我的一個心願。

再次向您表達我對您的尊敬與欽佩之情，約翰．洛克斐勒先生。

您眞誠的朋友，

亨利．巴克斯

一九〇三年九月十八日

俄亥俄州．鮑林格林

從關於談判的書面記載中，我們可以得知，代表巴克斯夫人及其公司參與談判的是查理斯．瑪律和麥洛尼先生，前者在當時是巴克斯公司的職員，後者在巴克斯創立之時便擔任主管職位，同時也是該公司的股東。代表標準石油公司參與談判的是彼得．詹寧斯先生。

在人們的扭曲印象中，標準石油公司以七萬九千美元（約今日的二百四十一萬美元）購得巴克斯石油公司的產權，而該公司的資產遠超過此價格，在標準石油公司的威逼強迫下，巴克斯公司只好接受這個價格。但事實是，詹寧斯先生請瑪律先生提供一份書面方案，列出巴克斯公司即將出售的資產項目和預期價格。瑪律先生據此提供了方案，此方案也附在了詹寧斯先生的書面陳述中。標準石油公司最終決定不購買巴克斯公司的所有資產，只購買其手上的石油，並按市場價支付大約一萬九千美元（約今日的五十八萬美元），而針對「廠房、商譽[2]和繼承

[2] 商譽（Goodwill），會計術語，指一家公司收購另一家公司時，買家支付的金額高於資產負債表上的資產價值，有時金額甚至會高出許多，溢價的部分就稱為商譽，屬於一種無形資產。

權」，瑪律先生出價七萬一千美元（約今日的二百一十七萬美元），標準石油公司還價到六萬美元（約今日的一百八十三萬美元），對方很快接受還價。瑪律先生的書面陳述如下：

查理斯．瑪律在此宣誓，我代表巴克斯石油公司參與出售談判，促成了上述公司廠房、商譽及庫存石油的出售。同時該公司出價十五萬美元（相當於今日的四百五十八萬美元）出售全部股份，包括庫存現金、應計股利等，詹寧斯要求公司提供所售資產的定價方案。經與巴克斯夫人全面討論並徵得其同意，本人提供了附在詹寧斯書面陳述後的方案；方案由本人書寫，並應詹寧斯要求親自在美國潤滑油公司辦公室以原始版本影印，原件已提交給巴克斯夫人過目。巴克斯夫人充分了解上述談判的細節及所附方案中的項目及價格，談判的每一步驟都經諮詢其意見後進行，因其爲巴克斯公司最大的股東，擁有公司約十分之七的股份。經證人見證，她完全同意上述方案，接受詹寧斯以六萬美元的出價購買廠房、商譽及繼承權的提議，無任何異議。如前所述，包括進貨價格在內，巴克斯石油公司的總資產約爲十三萬三千美元（相當於今日的四百零六萬美元），而一部分資產並未轉化爲現金。

關於此次的收購談判，巴克斯夫人的代表瑪律先生還提到：

本人聲明，在此次交易中，詹寧斯先生或其他任何人從未對巴克斯石油公司施加壓力，也從未說過或做過任何事情以促成上述交易。

他還說：

談判持續了兩到三個星期……在懸而未決的階段，巴克斯夫人不斷催促本人盡早完成此事，因爲她急於處理上述產業，擺脫日後的擔憂及與此相關的責任。當本人告知她詹寧斯先生的開價時，她表示非常滿意。

麥洛尼先生在巴克斯石油公司創建伊始，便一直擔任公司主管，並且是公司的股東，也是巴克斯先生合作多年的生意夥伴。他代表巴克斯夫人參與公司出售的談判。他也提供了書面證詞，提及此次談判時，他說：

最後，經過磋商，巴克斯夫人提出以七萬一千美元（約今日的二百一十七萬美元）的價格出售廠房、商譽及繼承權。幾天後，標準石油公司提出以六萬美元（約今日的一百八十三萬美元）的價格收購廠房及商譽，並以市場價格購買巴克斯石油公司的庫存石油。巴克斯夫人接受了這一方案，交易完成。

在談判過程中，巴克斯夫人一直急於出售公司，對最終的成交價也完全滿意。在一年半之前，我就知道她想出售巴克斯石油公司的股票，當時的價格比標準石油公司現在提供的價格要低百分之三十至三十三，而在這一年半中，公司所售資產並沒有增值。我對巴克斯的廠房及其價值十分熟悉。在當時，建造這樣一家新工廠僅需二萬五千美元（相當於今日的七十六萬三千美元）。在交易過程中，我們並沒有遭遇任何威脅及恐嚇，這其中不存在強買行爲。談判在友好和公平的氛圍中完成，標準石油公司的出價遠遠超過所購產業的實際價值，巴克斯夫人非常滿意，所有人都在爲她著想。

此事距今已有三十多年。在我看來，標準石油公司一直以最友好、最周到的態度對待巴克斯夫人。我們曾建議她保留小部分標準石油公司的股票，但她未接受我們的建議，對此我深表遺憾。

回扣的問題

在所有針對標準石油引發的爭論事件中，最引人注目的當屬鐵路回扣事件了。一八八〇年以前，在我擔任俄亥俄州標準石油公司董事長時期，標準石油公司確實收取過鐵路公司的回扣，但這只是鐵路公司的一種商業手段，他們是不可能讓自己賠錢的。鐵路公司會公布一個公開的運費標準，但據我所知，他們從來沒有按照這個價格收取費用，而是會將其中一部分作為回扣返還給托運人。這樣做，不論是競爭對手還是其他鐵路公司，都無法知曉托運人真正支付的運費，而回扣的多少則要看托運人與承運人之間的討價還價了。

俄亥俄州標準石油公司位於克利夫蘭，該地區擁有發達的鐵路網，夏天時亦可選擇水路運輸。我們充分利用這些優勢，盡可能討價還價，降低成本。不光我們這樣做，俄亥俄州的其他公司也是如此。為了降低運輸成本，標準石油公司為鐵路公司創造了很多有利條件。我們大批量出貨，花費大量成本提供裝貨和卸貨的設備。我們定期運輸貨物，以保證鐵路公司以最大程度利用鐵路的運力，創造最多的效益。我們自己負擔保險費用，一旦發生火災，鐵路公司無須承擔責任。我們還自費興建港口設備，為鐵路公司節省了貨物處理成本。正是基於所有這些付出，我們在簽訂合約時得到了鐵路公司的特殊津貼。

即使鐵路公司給予標準石油許多「特殊津貼」，它從標準石油中獲得的收益，還是要遠遠高於其他一些出貨不穩定且貨量較小的公司，所以才會收取他們較高的運費。

要想了解給予及收取回扣的現象，首先必須認識到，鐵路公司總是不遺餘力地擴大運輸量。他們不但要與水路河運相競爭，還要應付來自輸油管道的競爭。所有這些都威脅著鐵路運輸的市場，他們竭盡全力想在競爭中勝出。標準石油提供快速裝車、卸車的設備，具備穩定的出貨量，還提供我前面所有提到的條件，因此，最終的結果是不但為鐵路公司也為我們自己節省了成本，實現了雙贏。所有這些都符合商業的自然法則。

輸油管道與鐵路運輸

輸油管道的建造，為鐵路系統帶來了另一個強勁的對手。透過管道輸送石油的成本遠低於透過鐵路進行運輸，因此輸油管道的普及使用是一個必然趨勢。關鍵問題在於石油的產量是否充足，能否使投資獲益。通到油田的管道建好後，油井卻枯竭了的情況時有發生，於是巨額投資的管道便成為最沒有價值的資產。

鐵路系統和輸油管道之間存在一種有趣的現象。很多情況下需要兩者形成互補關係，因為輸油管道只能覆蓋一部分地區，管道中止時，鐵路將繼續完成剩下的路程，將石油輸送至終點。在某些情況下，原本是由鐵路公司按照協定的運費全程運輸石油，但輸油管道建成後，一部分路程改用管道運輸，一部分路程仍由鐵路運輸，運費就需要分開計算。然而，由於我們已經提前支付了全程運費，因此輸油管道的擁有者同意將一部分運費回撥給鐵路公司。於是，在某些情況下，標準石油公司就需要反過來給鐵路公司回扣，而非鐵路公司給標準石油公司回扣。這種計算方法很複雜，但我還從來沒有聽到任何關於這個問題的怨言。

標準石油並不是從鐵路公司的回扣裡獲利，相反地，鐵路公司從標準石油的運輸委託中獲得了更大的利益。標準石油公司堅持不懈地減少運輸成本，只是為了給消費者節省開支，而這一措施也使產品的價格降低，從而成功地占據了全球市場。

討價還價是一門高深的學問。所有人都在爭取最便宜的運費。《州際貿易法》通過後，據說一些出貨量有限的小公司拿到了比我們更優惠的運費，儘管我們大量投資提供了碼頭設備，擁有穩定的出貨量及其他一些便利條件。我記得波士頓有一位很睿智的人曾談論過回扣的問題。他是位經驗豐富的商場老手，處事小心謹慎，總是擔心有些競爭對手會獲得比他更優惠的價格。他表達過這個觀點：「我反對拿回扣的整個體系——除非我自己有利可圖。」

第五章

其他的商業經歷和商業原則

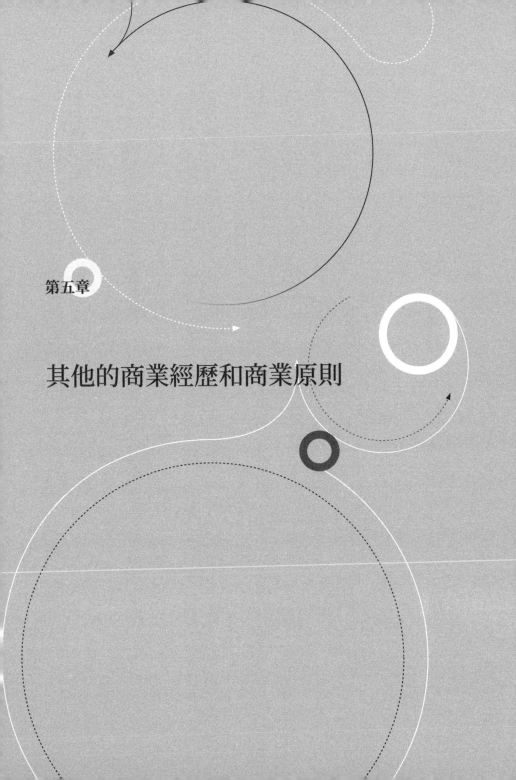

其他行業的投資

涉足鐵礦石行業違背我自身的意願，因為這是我沒有經過深思熟慮便做出的一個決定，它增加了我的負擔和責任。這個決定源於在西北的幾次投資頻頻失敗。

當時，我投資了許多不同的行業，如採礦廠、鋼鐵廠、造紙廠、鐵釘廠、鐵路、木材廠、金屬熔煉廠，以及其他一些行業，多到我數不清。我只是作為這些公司的小股東，沒有參與過企業經營，也並非每一家公司都能獲利。事實上，在一八九三年經濟大蕭條之前的幾年間，已經或多或少出現了通貨膨脹的苗頭。許多人發現自己並沒有原本想的那樣富有，當大蕭條來臨時，艱難的經歷迫使他們不得不接受殘酷的現實。

這些產業中的大部分我都沒有親眼見過，我只是根據別人的調查判斷其價值。事實上，我從來沒有純粹僅靠自己的了解來判斷這些工廠的價值。我認識很多比我更清楚如何調查這些企業的人。

當時我本已打算退出商界，但大蕭條使我不得不推遲盼望已久的長假。幸運的是，我認識了弗雷德里克．蓋茨先生，當時他正從事一些與美國浸信會教育協會相關的工作，這些工作需要他前往全國各地。蓋茨先生雖然沒有工廠和作坊方面的技術知識，但他是個博學睿智的人，我相信他能幫助我獲取一些關於這些企業興旺與否的第一手資料。有一次他要去南部出差，恰好經過我投資的一家鋼鐵廠，於是我請他幫忙調查一下工廠的經營狀況。

他的報告近乎完美，為我提供了詳細情況，而絕大部分都不容樂觀。不久，他要去西部，我給他我在那個地區投資的工廠名稱和地址，委託他幫忙調查，當然我也只持有這家公司少量股份。本來我以為這家工廠經營甚好，然而透過他清楚明瞭的報告，我驚訝地發現這家公司如果依照現狀繼續經營下去，遲早會倒閉。

挽救病入膏肓的企業

於是，我邀請蓋茨先生加入公司，幫我處理這些棘手的事務，並且像我一樣，成為一個商人。但我們也達成一個協議，即蓋茨先生將不會放棄他一直從事的更偉大、更重要的慈善事業。

我要在這裡向蓋茨先生表達我的欽佩之情。他不但擁有罕見的商業能力、經驗豐富、充滿激情，同時也在努力完成對人類具有偉大和持久益處的事業，為社會帶來了持久而深遠的影響。他擔任普通教育委員會的主席，也積極參與其他委員會的活動，多年來，他協助組織了許多給社會帶來長久利益的公益性事業。

多年來，蓋茨先生一直協助我處理個人事務。他陪我度過了艱難的時期，為我分擔肩頭的重擔，讓我有時間打高爾夫、設計景觀道路、移植林木，以及享受其他一些人生樂趣。他致力於調查我們的教育捐助、醫學研究和其他類似的工作，並取得了很大的成功。在過去十多年間，我的兒子分擔了蓋茨先生的一些工作，最近，斯達・墨菲先生也加入公司，協助蓋茨先生處理事務。蓋茨先生為我們的事業忙碌了大半生，理應享受悠閒的生活了。

現在，還是回過頭來看看那些糟糕的投資吧。蓋茨先生對我投資的每一家企業都進行了充分的研究，盡全力挽救他們的困境。我們的政策是盡全力防止我們投資的公司走向破產法庭，申請破產管理需要付出昂貴的代價，企業將因此遭受慘重損失。我們的計畫是透過提供必需的借款、改進設備、降低生產成本等方式幫助企業度過難關。只要付出時間和耐心，充分利用各種機會，就能夠讓他們維持下去，重獲新生。於是，在一八九三年和一八九四年的困難時期，我們謹慎地處理這些破敗企業的各項事務，許多企業因此得以繼續經營；有時候購買其他人的股份，有時候出售自己的股份，但幾乎所有企業都逃脫了破產、申請破產管理、喪失抵押品贖回權的命運。

透過解決這些棘手的問題，我們擁有了治療商業弊病的豐富經驗。我現在重述這一話題的唯一目的是告訴大家一個事實，對於那些遭遇挫折的商人，只要謹慎、耐心並且不斷努力，即便看似走投無路，也能絕處逢生。重獲新生的兩個重要因素：首先是資金的投入，不管是自掏腰包或者從別人那裡籌集；其次是嚴格地堅持合理的商業自然法則。

採礦

在這些投資中，我們購買了一些礦場的股份，以及將其運往港口的一條鐵路的股票和債券。我們對這些礦場充滿信心，要增大利潤空間，鐵路是必不可少的。於是我們開始建造鐵路，但在一八九三年的大蕭條時期，工業發展幾乎全部崩潰。雖然我們只是小股東，但在這個蕭條時期，看來只有我們才能使鐵路重現生機。我不得不把個人的證券抵押借款，被迫提供大量現金；為了籌集這些現金，我們進入動盪不安的金融市場，溢價購買貨幣，緊急送往西部去支付鐵路工人的薪酬，保證他們的生計，以便繼續工作。當大蕭條的恐慌逐漸消退，形勢逐漸穩定下來，我們才意識到自己的處境。我們投資了幾百萬美元，卻沒有人願意投資購買我們的股票。這時候大家都急於將手中的股票拋售，我們買到的股票數量驚人——幾乎不費吹灰之力，便獲得了幾乎全部的股份——我們也因此支付了大量現金。

現在，我們發現自己掌控了大量的礦場，有些礦場一鐵鍬就能挖出礦石，一噸的成本只要幾美分。但我們仍然有最主要的問題亟需解決，那就是礦石的運輸。為了保護我們的投資，必須擴大貿易規模；我們已經不能回頭了，必須盡一切努力工作。既然已經投入了這麼多錢，我們便買下所有我們能夠買下的、認為有價值的礦場。鐵路和船舶只是獲取收益的媒介，礦場才是關鍵所在，我們相信好礦不怕多。

令我驚訝的是，一些大的鋼鐵製造商卻對這些礦場沒有給予足夠的重視，這些資源豐富的寶貴礦區在我們投資之前是非常低廉的。我們下定決心，既然投身進這一行，就要利用最先進、最高效的開採設備及運輸工具，將礦石提供給每一個需要的人，然後用獲得的收益購買更多的礦區。

蓋茨先生成為多家公司的總裁，這些公司擁有礦井及鐵路，因此他開始學習並經營採礦業及運輸業。事實證明，他不僅是一位優秀傑出的學者，同時也是一位充滿智慧的商人。他幾乎包攬了所有的工作，只偶爾徵求一下我的意見。不過，我仍記得許多我們化解危機、度過難關的有趣經歷。

建造運輸船舶

鐵路的問題解決之後，顯然我們還需要擁有自己的船舶以滿足對運輸的需求。我們對建造船舶一無所知，所以依照老習慣，我們決定向行業內最權威的人士求助。我們非常熟悉這個人，他也從事礦石運輸，並且規模龐大。但對他來說，我們是競爭對手。一天晚上晚飯前，蓋茨先生約上這位專家，一起來到我位於紐約的家中。他說他只能停留幾分鐘時間便須趕往下一個行程，我告訴他十分鐘內就可以談妥，事實也確實如此。這是我唯一一次與礦石公司的人會面。之前所有的會議都是蓋茨先生出席，他似乎能享受這項工作的樂趣，而且經驗相當豐富，我很放心將公司事務託付給他。

我們向這位專家說明，我們打算自己承擔蘇必略湖區礦石的運輸工作，希望他能為我們承建最大型、最精良的船舶，我們能否成功就要靠這些最高效的船舶。當時，最大的船舶載重約五千噸，但到一九〇〇年我們出售船隻時，我們的船載重已達到了七千噸或八千噸，而現在萬噸巨輪也已經出現了。

自然，這位專家回覆說他本人也從事礦石運輸，不希望我們也進入這一行業。我們解釋道，我們已經進行了大量投資，為了保護我們的利益，我們需要運營屬於自己的船舶運輸，完善每一個銷售環節；我們認為他能夠為我們設計和建造最精良的船舶，這是我們想和他合作的原因。儘管他是我們最大的競爭者之一，但我們知道他是一個誠實正直的人，因此非常希望能與他合作。

聘請競爭對手

他仍然固執地不肯與我們合作，但我們表示已下定決心進入這一行業，如果他能為我們建造船隻，我們願意付給他可觀的酬勞。我們解釋道，已經有人承攬了這項工作，但我們隨時歡迎他的加入。最後，他終於被打動了，當場接受我們的請求，並簽訂了協定，我們對協定內容都表示滿意。這位紳士就是來自克利夫蘭的薩繆爾·馬塞先生。他只停留了幾分鐘，我們給了他建三百萬美元（相當於今日的九千一百六十三萬美元）船舶的訂單。這是我與他唯一一次會面。馬塞先生具有崇高的商業道德，雖然他是我們的競爭對手之一，但我們對他百分之百信任，他也從來沒有讓我們失望。

當時，五大湖區大約有九至十家造船廠，分布在不同位置。它們彼此獨立，相互之間競爭激烈。這些造船廠還沒有從一八九三年的大蕭條中恢復過來，還未能全面投入生產，因此步履維艱。那時是秋天，許多員工卻彷彿面對著嚴酷的冬天。我們考慮到了這一點，在計畫應該建造多少艘船時，決定盡可能地多造船，為五大湖區的閒置勞動力提供盡可能多的就業機會。於是，我們讓馬塞先生給每家造船廠寫信，確定在明年春天航運開始時，他們能夠建造的船舶數量。在他的了解下，有些船廠能夠造一艘，有些兩艘，全部加起來總共是十二艘。於是，我們決定造十二艘船，所有船舶都由鋼鐵製造，適用於五大湖區的最大承載量。有些建成汽船，有些建成用來牽引的隨航船隻。但所有這些船設計了大體相同的樣式，後來它們風靡五大湖區，成為礦石的最佳水上運輸工具。

當然，這些船的造價都很高。而如果馬塞先生從一開始便宣布他將要造十二艘船，價格還會更高。很久以後，我才聽說了他處理此事的方法。雖然這個故事現在已成為五大湖區的歷史，但對許多人來說或許還是個新聞，所以在這裡我要簡單地說一下。

馬塞先生對自己要建造的船隻數量隻字不提。他給每家船廠遞送了完全一樣的計畫書和說明書，讓所有造船廠根據自己的情況投標建船數量。人們自然認為馬塞先生最多準備造兩艘船，每家船廠都急切地想要獲得訂單，至少爭取到兩艘船中的一艘。

在簽訂合約的前一天，所有投標人都應馬塞先生之邀來到克利夫蘭。他們被單獨帶到馬塞先生的辦公室，密談最終投標前的所有細節問題。投標人在指定的時間內進去，大家都在期待著謎底揭曉。馬塞先生之前的態度讓每個人都感到勝券在握，然而每個從馬塞先生辦公室出來的人，都紅光滿面，看上去心滿意足，這讓那些在外等待的人的心懸了起來，事態變得更加撲朔迷離。

最扣人心弦的時刻到了，在場的所有人幾乎同時收到了馬塞先生的便條，恭喜他競標成功，將會和他們簽訂一項達到其工廠最大承建能力的合約。正當大家興沖沖地走向飯店休息室，準備安慰失敗的對手時，卻發現每個人都拿到了想要的合約。實際上，根本就沒有任何競爭對手。這個發現帶給他們的喜悅，遠遠超過不能向其他人炫耀的懊惱。所有人都很快樂，可謂皆大歡喜。順便提一句，由於企業合併，所有這些友好的紳士都成為一個公司的同事，而在合併之後，我們購買船舶的價格更加統一了。

未出過海的船務經理

隨著船舶的投產建造，我們才正式開始進入礦石業，但是我們意識到必須首先解決船舶營運的問題。於是，我們再次向競爭對手馬塞先生求助，希望他能協助我們處理此事。可是他承擔的責任眾多，無法脫身。有一天，我問蓋茨先生：「我們如何安排人手管理船隻呢？你了解哪家資深的公司能勝任此事嗎？」

「我不了解，」蓋茨先生說，「我不知道這方面的公司，我們為什麼不嘗試自己運作呢？」

「可是你並不了解如何管理船舶營運，難道不是嗎？」

「確實是。」他承認，「不過我知道有一個人也許能勝任這項工作，雖然我擔心你會對這個人選不太滿意，但是他具有做好此項工作的優秀品質。他可能分不清船頭船尾，也分不清海錨和通風帽。他是船舶運輸的生手，但是擁有很強的判斷力，並且為人誠實、上進、敏銳、節儉，能夠快速掌握新的技能，即便有一定難度的工作，他也會很快掌握。距離船舶完工還有一些日子，如果我們現在就聘請他，等船建好時，他工作起來可能就會遊刃有餘了。」

「好吧！」我說，「既然你推薦他，那就讓他來吧。」於是，我們便聘請了他。

此人便是鮑爾斯先生，是紐約布魯恩郡人。鮑爾斯先生前往五大湖區的每一個船廠進行實地考察，做出了詳細的分析與研究，很快便對此提出寶貴的意見，並得到設計師的認可與採納。他從這些船首次揚帆啟程時起，便全面負責船舶的管理工作，他的技術和能力獲得了所有船員的讚賞。他甚至發明了一種錨，起初是在我們自己的船隊中使用，後來逐漸被其他船舶採用，我聽說美國海軍也已經使用這種裝置。在我們售出這一部分業務前，他一直負責船舶的管理工作。在這之後，我們又讓鮑爾斯先生負責其他許多艱難的任務，每次他都能夠完成得很出色。後來，由於家人健康欠佳，他搬到科羅拉多長住，而今，他已經是科羅拉多州能源及鋼鐵公司能力超群、工作高效的副總裁。

大型船舶和鐵路方便我們擁有最有利的設施與資源。從一開始，公司的營運就非常成功。我們大規模擴張市場，開採礦石，將產品運往克利夫蘭以及其他港口。我們繼續造船，不斷發展，最後船隊共擁有了五十六艘大型鋼鐵船舶。和其他許多我所感興趣的重要行業一樣，這家公司並沒有花費我太多的精力，因為有幸擁有這麼多積極活躍、能力超群、忠誠可靠的代理人，他們承擔了大部分的管理責任。我很高興，並且充分信任與我合作的優秀商人，他們也從來沒有讓我失望過。

出售礦石業

我們在礦石業的發展朝氣蓬勃，勢頭強勁，直到美國鋼鐵公司成立，該公司的一位代表向我們表達了希望購買我們的土地、礦區，以及船隊的意願。當時，我們的生意進展順利，沒有必要在這個時候出售。然而，這家新公司的組建者認為我們的礦井、鐵路和船舶是他們戰略規畫中必不可少的組成部分，於是我們表示願意促成這一偉大事業的成功。我想，當時他們已經說服人稱「鋼鐵大王」的安德魯·卡內基先生出售他的產業。多次談判與磋商後，我們接受了他們的出價，而我們的整個工廠，包括礦井、船舶和鐵路等，都成為美國鋼鐵公司的一部分。考慮到這些產業目前的價值，以及未來增值的空間，我認為我們所達成的價格相當保守。

這場交易一直在為美國鋼鐵公司帶來豐厚的利潤，由於該次產業出售大部分是使用該公司的證券支付，我們也從公司的發展中獲得了好處。就這樣，經過了七年的奮鬥後，我徹底離開了礦石開採、運輸和貿易的行業。

遵從商業法則

投資採礦業在當時看來多少有點前途渺茫。回首從事礦石業的經歷，讓我更加深刻地體會到我經常提及的商業原則的重要性。能夠耐心地將我的回憶錄讀到這裡的年輕人如果能夠理解這一點，我會感到心滿意足，同時我也希望他可以從我的經歷中有所獲益。

在商業經營中，獲得成功最基本的要素，便是遵從已建立的商業法則。確定明確的方向，堅持合乎常理的營運模式，不要受眼前蠅頭小利的誘惑，也不要妄想一夜成功。如果你不滿足於獲得小小的成功，就不要把精力浪費在只能贏得短期利益的事情上。投入一項事業前，要看清走向成功的方式，要有遠見。很多聰明的商人將全部身家賭在一個他所不了解的事業上，這一點讓人十分不解。

認真研究你的資金需求，堅強面對潛在的風險因素，風險是不可避免的，你能做的只有走在它的前面。任何時候都不要迴避真實的情況，不要自欺欺人。只顧著埋頭賺錢的人是不會取得成功的，你需要擁有更大的雄心。商業成功並不是什麼神祕的事情。偉大的工業領袖一直在反覆告訴我們一個簡單又顯而易見的事實——即誠信經營，獲得廣泛的信任，就能獲得永久的成功。這才是我們要徹底貫徹的商業法則。如果你圓滿地完成每天的任務，忠實地按照我所說的去做，同時保持清醒的頭腦，你便能獲得成功。你或許也會原諒我這番老套的說教。能夠冷靜讀這樣一本書的年輕人，相信能做到「勝不驕、敗不餒」，我也就沒有必要再多加贅言了。

大蕭條的經歷

早在十九世紀九〇年代初期，我就想退出商界了。我很小便開始工作，就這樣到五十歲了，也該從繁忙的商業事務中解脫出來，享受生活中其他的樂趣，一味賺錢是沒有意義的。而在我經商的時候，賺錢一直是我生活的大部分，是時候改變一下了。然而，一八九一年和一八九二年的經濟形勢很糟糕。一八九三年，風暴再次來臨，正如前面所提到的，我有眾多的投資需要維持經營。接下來的兩

一九〇七年美國金融大恐慌期間的華爾街一景

年，每個人都深陷焦慮，步履維艱。在這個時候，沒有人可以安心退休。不過，在大蕭條的這些年裡，標準石油由於一貫奉行的保守管理方式，擁有大量的現金儲備，所以保持住穩健的發展狀態。一八九四年和一八九五年，形勢好轉後，我終於有了退出的時機，能夠從公司的管理事務中脫身了。如前所述，那之後我幾乎就再也沒有參與過公司的業務營運了。

我記得一八五七年以來所有的大蕭條時期，但最讓我感到艱難的還是一九〇七年那次。沒有企業能夠逃離那次風波，都遭受了前所未有的打擊。到處都是混亂與恐慌，在這樣緊急的情況下，必須保證一些重要企業的繼續經營，否則後果不堪設想。

摩根先生[1]真誠地提供援助，我和其他商人均從中受惠，在此向他表示深深的感激。他的權威地位毋庸置疑。他雷厲風行、做事果斷、反應迅速、行動果敢，

1 約翰．皮爾龐特．摩根（John Pierpont Morgan Sr., 1837-1913），美國金融家及銀行家。摩根和其夥伴投資美國為數不少大型企業，影響力遍布美國的金融高層及國會議員，其引導銀行合併平息了一九〇七年的美國經濟大恐慌。

幫助人們重獲信心。他得到了國內許多有能力、有實力的金融家的支持，將大家團結到一起，鼓勵人們重建對國家的信心，有效地推動經濟復甦。

有人曾問我是否能快速地從一九〇七年十月的經濟大恐慌中恢復過來。我不願意回答這個問題，因為我不是預言家，不具備預言的能力；當然，結果是毋庸置疑的，這一暫時的挫折，將使企業經營者採取更為謹慎和保守的措施，而這正是我們所需要的一種品質。大蕭條不會使我們勇於創新的積極性受到永久的壓抑，這個國家的資源也沒有因為金融風暴而削弱或毀壞。在緩慢的恢復與發展中，未來的經濟基礎將會更加穩固，不論在商業領域還是在其他領域，耐心都是一種美德。

在這裡我要再次提醒商人們，要坦然面對自己的現實境況，不要用逃避來應對困難。如果管理方法上有問題，就要清楚地認識到這個事實，然後採用相應的改正措施。違背商業法則是不會成功的，無視商業法則的存在是愚蠢的。對於一個充滿智慧、想像力豐富的民族來說，要想背離動盪、嚴酷的現實環境並不是一件容易的事，但我們依然要自尊自強，屹立於世界市場。

第六章

贈予的藝術

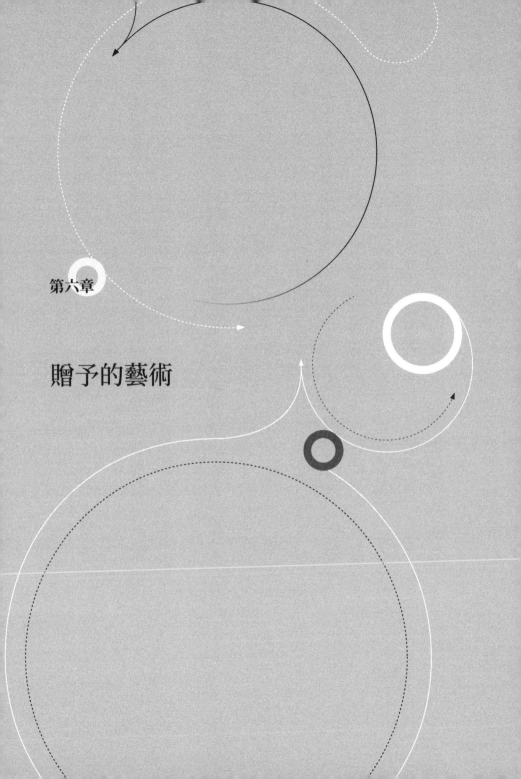

贈予的精神內涵

毫無疑問，贈予的快樂、幫扶同胞的責任，無論何時提起都是熱門話題，但很容易寫成長篇大論，並且充斥著世代沿用的語言堆砌起來的陳腔濫調和客套話。

在這個話題上，即使是天才的作家也很難發揮出好的創意，我自然更加不能免俗。但在我看來，相比談論我長期以來從事的商業和貿易，我會更喜歡談論這個看似俗套的話題。一般而言，慈善活動也有非常實用和商業化的一面，能給企業帶來新的商機，這一點通常會為人所忽略，但其背後，源於內心的贈予和精神，才是真正的意義所在。

當今時代，我們已經可以要求國家的菁英人士為公眾的福利事業貢獻更多的時間、精力和金錢。我不會冒昧地為這些慈善工作應包含的內容，做嚴密的定義。每個人都是在為自己做善事，他有權選擇自己的方式去從事。我認為慈善事業沒有優劣之分，不能說什麼是狹隘的慈善計畫，或哪些是最好的設想方案。

大多數人認為擁有大量財富必然是幸福的，這看法其實是錯誤的。極其富有的人和其他人一樣，如果他們從金錢中得到快樂，那必然是源於他們獲得了幫助他人的能力。

富人的侷限

單純追求物質的花費，很快就會失去吸引力。這種任意購買自己想要的東西的新奇感，很快便會被空虛所取代，因為人類內心真正追求的東西是無法用金錢買到的。這些在報紙上風光無限的富人，不會因為奢侈的消費而得到內心的快樂。滿桌的山珍海味卻無福消受；滿身綾羅綢緞卻遭受公眾的譏諷；儘管生活條件比別人優越，但他們遭受的痛苦卻比享受到的快樂多得多。透過研究這一現象，我發現，只有一種方式能夠實現財富的真正價值，那就是培養贈予的愛好，投身公益，造福社會，只有這樣才能獲得長久的滿足感。

商人通常會認為他已經為社會創造了財富，為一些或許多人提供了穩定的工作；他還為員工創造了優越的工作環境，新的工作機遇，並鼓勵他們努力工作。但只關注員工的福利，是無法贏得人們發自內心的尊重的。認為只要按時發放薪水就是好企業，這是最狹隘也是最平庸的一種觀點。

最大程度的慈善事業

最大程度的慈善意味著造福人類，播撒文明的種子，傳遞健康、正義與幸福的福音，它已經超越通常所稱的仁慈。在我看來，這種慈善指的是精力、時間、財富的投入，它包括為員工提供豐厚報酬的能力，拓展和發展現有資源的能力，為員工提供之前沒有的發展機會和健康工作環境的能力。只有這些才能帶來持久和有益的結果，單純只有錢的付出是無法與之相提並論的。

我經常想，如果這種論斷成立，慈善事業的領域將是多麼寬廣！有人會認為日常的工作是一回事，慈善事業又完全是另外一回事。我不同意這種觀點。只有星期天才能抽出空來發善心的人，無法成為這個國家慈善事業的支柱。

請原諒我頻頻提起這些忙碌的商人，因為他們是慈善事業最需要的人。我認識一些人，他們致力於發展事務的宏偉草圖，將發展企業作為自己一生的目標去貫徹實行。他們接手前途莫測的企業，冒著巨大的風險和質疑，帶領企業走向成功。他們這樣做並不僅僅是為了個人的利益，而是源於推動人類發展的更崇高的精神動力。

無私奉獻是成功之路

如果讓我給初入社會的年輕人提點建議，我會對他們說：如果你擁有宏偉的目標，想要建立屬於自己的偉大事業，那麼無論你是受雇於某家公司或是作為獨立的生產者，都不要抱著坑、蒙、拐、騙、不擇手段獲取利益的想法開始你的事業。在選擇自己的行業或職業時，首先要想：什麼樣的工作能使我發揮最大的作用？在哪裡可以最為高效地工作，為社會創造最大的利益？抱持這樣的想法進入社會，透過這種方法選擇職業，你就會在通向巨大成功的道路上邁出重要的第一步。調查顯示，在我國擁有大量財富的人，往往是那些對國家的經濟發展產生巨大而深遠影響的人。他們對祖國未來充滿信心，盡全力開發國家資源，推進祖國發展。在其他國家也是如此。為社會做出最大貢獻的人是最成功的，為公眾所需要的商業企業將發展壯大，而公眾不需要的商業企業註定走向失敗。

另一方面，生意人最該避免的便是重複投資，將時間、精力和金錢投入到毫無意義的競爭上。這應該被視為是一種最惡劣的浪費，甚至比浪費更糟糕。如果有一家工廠生產的產品價格低廉，能夠滿足公眾的消費需求，再建第二家這樣的工廠便是對國家資源的浪費，會破壞國家繁榮發展的局面，奪走勞動者的生計，並引起一系列的社會問題。

或許，唯一妨礙美國人民進步和幸福的事，便是這麼多人總是願意把時間和金錢花在增加競爭性產業，而不是用在開發新領域，把錢用在社會所需要的行業中發展。社會發展要求創新思維，尋找、支持或是開發新的行業才是成功之道，而不是一味效仿前人的成功之路。我們的國家正處於高速發展期，機遇無處不在。如果只追求一己私利，而不致力於推動全人類的進步，為全人類謀求福利，就註定要走向失敗。更遺憾的是，他們的失敗還將連累其他一些無辜的人遭受苦難，使他們喪失生計來源。

服務社會的慷慨

或許這個世界最慷慨的人，便是那些極度貧窮的人。他們共同努力，同擔風雨，勇敢面對生活的苦難。住在租屋的母親生病了，隔壁的鄰居便會分擔她的重擔；父親失業了，鄰人會從自己僅存的少許食物中拿出一部分給他的小孩；窮人不顧自己的沉重負擔，毅然收留已故朋友留下的孤兒，並將其撫養成人。這類事情真是數不勝數啊！那些生活資源如此匱乏的人尚且如此，有錢人就更應該慷慨解囊了。幾百年來，猶太人一直有一個戒律，即一個人要將財產的十分之一捐獻給慈善事業，但這個標準對有些人來說幾乎是不可能完成的，而對有些人卻是九牛一毛，輕而易舉的事。贈予金額的大小並不重要，贈予的精神才是最為重要的。即使最貧窮的人也能向他人伸出援手，不要為給予幫助的額度大小感到難為情。恐怕我又在重複一些陳腔濫調了。

小時候，我接受的教育十分刻板，儘管如此，我卻非常感激他們的一個慣例，即教給年輕人定期捐贈自己掙得的錢，讓小孩子早早意識到幫助別人是一件好事，更是一種義務。但我必須承認，培養這種意識已經愈來愈難了，因為許多當時的奢侈品在今天已經變得稀鬆平常，那種非金錢所能帶來的快樂更是很難得到。捐贈的樂趣與滿足，遠遠超出賺錢所帶來的心理感受。我的一生都希望幫助建立高效的贈予機制，讓這些財富為當前社會及後代子孫發揮更大的作用。

或許，贈予金錢和提供服務是不同的。在窮人遭遇不幸的時候，捐贈者除了捐錢以外，還可以在了解了他們的狀況後，幫助他們解決內在的問題，就會使他的援助更有價值。如果沒有生活壓力，捐贈者可以從更加科學的角度來探討這個問題，但最終的分析是一樣的：透過了解對象的具體情況，在相應的幫助下使用金錢，他所捐贈的錢將發揮更大的效用。

大醫院在崇高無私的人的管理下，會為公眾帶來健康的福音，但醫學研究者的工作同樣重要，他們挖掘關於疾病的未知的事實，研究治療方法，使無數人的病痛得以緩解，甚至擺脫疾病的折磨。

直接幫助病殘人士更容易激起人們的善心，但是醫學研究者的工作也同樣重要。他們探尋病源，尋找治療方法，為病殘人士解除了痛苦，卻很難爭取到捐款來進行研究。第一類情況會使人產生無法抗拒的憐憫之情，第二類情況的人則需要煞費苦心才能打動別人。不過，我相信我們在針對科學研究的資助方面正取得重大進展。現在的人們在面對慈善事業時，顯然在力圖超越感情的衝動，那些致力於實踐工作和承擔科學任務的勇士們所獲得的現金資助也會愈來愈多。比如那些冒著生命危險，致力於黃熱病研究的人，他們的英雄主義和犧牲精神能夠鼓舞人心，造福後代，推動醫療事業的蓬勃發展。

科學研究

這種犧牲精神可以延伸至什麼高度？每年，眾多的科學工作者放棄一切，投身科研，為人類的知識增磚添瓦，揭示科學的真相，為人類的認知程度增加新的紀錄。有時我會想，那些肆無忌憚地譴責這種行為的人，是否認真考慮過自己的言行。事不關己地隨意譏諷是一回事，投身工作，歷經艱苦磨練，贏得發表言論的權利又是另外一回事。

就我而言，我從來都只是一個平靜溫和的旁觀者，沒有膽量對那些從事我所不了解的行業的專業人士比手畫腳，即使有幸身處一個領域，我也不敢隨便對經驗豐富的專家隨意評論。

很多人譴責用活體動物做實驗。這些人站在捍衛動物利益的立場上呼籲，人們不應該用動物來做實驗，因而紐約洛克斐勒醫學研究院的西蒙·費勒克納爾博士面對了一些言過其實、甚至駭人聽聞的不實報導的抨擊。最近，在費勒克納爾博士的領導下，醫學院成功地研製出流行性腦脊髓膜炎的治療方法。為了研製這一療法，使用了約十五隻動物作為實驗對象，其中大部分是猴子。但是我們也要看到，失去生命的動物將挽救無數人的生命。像費勒克納爾博士及同樣在為人類的福利做貢獻的人，是決不會讓無辜的動物忍受不必要的疼痛。

我曾被一個竭盡全力挽救兒童生命的故事深深震撼，這是我的一個同事在故

西蒙．費勒克納爾

一九二〇年代時的洛克斐勒醫學研究院

事發生後不久寫信告訴我的，在這裡值得重提一次。亞力克西斯・卡雷爾博士是費勒克納爾博士的同事，鍥而不捨的試驗和豐富的臨床經驗使他的醫術精湛，造詣頗高。

一次出色的外科手術

醫學院的一個同事亞力克西斯・卡雷爾博士一直在進行一些受矚目的實驗性外科手術的研究，成功地完成了動物間的器官移植，以及不同物種間的血管移植。最近，他將這種技術運用到人體身上，成功挽救了一個嬰兒的生命，這次手術引起了紐約醫學界的極大注意。紐約一位知名的年輕外科醫師在去年三月生了一個嬰兒，由於某些原因，嬰兒的血液會從血管中滲出，流入身體組織中。通常這種情況會使嬰兒因內出血而喪命。嬰兒出生五天後，已經出現瀕臨死亡的跡象。嬰兒的叔叔也是這個領域最傑出的專家之一，嬰兒的父親、叔叔和其他幾位醫師共同會診，卻一籌莫展，完全想不出解決辦法。

恰好這位父親對卡雷爾博士在研究的工作印象深刻，並曾與他共事過。他確信挽救嬰兒唯一可能的辦法，就是直接輸血。而當時只在成人身上實施過這種手術，嬰兒的血管太細，成功實施手術的可能性很小。手術中，兩個人的血管必須連接在一起，血管的內膜也要完全黏合。如果血液與血管的肌層接觸，就會凝結成塊，阻塞血液循環。

幸運的是，卡雷爾博士曾在一些非常小型的動物血管上做過實驗。這位父親相信，如果這個國家能夠有人成功實施這個手術，那就是卡雷爾博士。

當時已是午夜時分，卡雷爾博士趕來後，這位父親向他解釋，孩子估計無論如何也保不住了，但還是請他做最後的努力。卡雷爾博士立即答應動手術，但也認同父親對手術結果的預估。

父親提供血液給孩子，兩個人都不能使用麻醉藥。孩子太小，只有一條靜脈血管比較粗，可以用來輸血。血管在腿的後面，位置很深。一位傑出的外科醫師找到了這根血管，但是他發現孩子已經沒有生命跡象，甚至已經死亡十分鐘了。他提出是否還有必要進行這次嘗試的疑問。然而，父親堅持進行手術，於是外科醫師找到父親手腕上的橈動脈，在手臂上打開六英寸的口子，以便把血管拉出來，與嬰兒的靜脈血管連接起來。

參與手術的這名外科醫師，後來將這次手術稱為「鐵匠活兒」。他說嬰兒的血管只有火柴般大小，脆弱得像片濕了的香菸紙，看上去完全不可能將這兩條血管連接起來。然而，卡雷爾博士完成了這個偉大的手術。在場的醫師均稱其為外科史上一次最引人注目的事件。來自父親動脈的血液流入了嬰兒的身體，大約有一品脫（四百七十三毫升）。第一絲生命跡象出現了，嬰兒的一隻耳朵上部出現了淡淡的粉色。緊接著，完全變藍的嘴唇也現出紅潤，突然，嬰兒像用芥末洗過澡一樣，身體變成粉紅，然後放聲啼哭。大約八分鐘後，兩條血管被分開，手術完成了，此時，嬰兒已經開始哭著要東西吃了。之後他開始正常地喝奶、睡覺，並且完全康復。

這位父親後來參加了奧爾巴尼立法委員會會議，反對上次會議中懸而未決的限制動物實驗的法案。他講述了這個故事，並說，在看到卡雷爾博士的實驗時，他並沒有想到這些實驗這麼快便可以用來拯救生命；他更加沒有想到，拯救的竟然是自己孩子的生命。

助人的重要原則

如果大家都能夠互相幫助，我們便能根除這個世界許多的罪惡根源。這是一個重要原則，儘管反覆強調，卻仍被許多人無視，重談這個話題並非沒有意義。

真正使人受益的事情，是我們自己為自己所做的。不費吹灰之力獲得的財富通常不是福氣而是禍害。這就是我們反對投機的主要原因，不是因為從事投機活動失去的比得到的多——雖然事實確實如此——而是因為在投機中獲利的人，從成功中受到的傷害通常比失敗帶來的傷害更多。在金錢或者其他物質的贈予上，道理也一樣。只有在一種情況下，接受贈予的人才能真正受益，就是只有幫助他們學會獨自走出困境，才能使他們獲得永久的庇護。

研究疾病的專家告訴我們，愈來愈多的跡象表明，抵抗疾病的力量源於自身內部，只有這些抗體低於正常水準時，病毒才有機會肆虐。所以，抵禦疾病的方法就是提高自身的免疫力；一旦疾病纏身，戰勝它的方法就是提高自身的防禦機制。同樣，一個人的失敗幾乎都源於自己的缺陷，身體、精神、性格、意志力或者性情方面的不足。克服這些缺陷的唯一辦法，就是從內部完善自己；透過自身完善，克服導致失敗的源頭因素。只有不斷完善自己，才能不斷前進。

每個人都希望得到命運之神的眷顧。在利益的驅使下，有些人甚至喪失了人性，如果這些人成功了，我們的整個文明就將陷入無盡的苦難中。我認為，人性的差異決定了經濟地位的差異。只有廣泛傳播美好的品質，幫助他人建立高尚的人格，才能更廣泛地分配財富。正常情況下，一個身體健康、思維敏捷、品質良好、意志力堅強的人不會生活窘困。如果沒有自身的努力，一個人永遠不可能擁有這些品質。就像我說的，別人能夠為他做的最多的事情，就是幫助他自助。

我們必須不斷提醒自己，用來幫助人類進步的資金是有限的。因此，將支出用在刀刃上，讓它們盡可能發揮最大的價值，是一件非常重要的事。

我曾坦誠地表示過，生意場上，本著減少浪費、資源優化的原則，我贊同企業以恰當和公平的方式合併與合作；浪費意味著實力的削弱。我真誠希望這一原則不但適用於商界，也同樣適用於贈予的藝術。合併與合作不僅能幫助企業應對更加複雜的形勢，適應商業發展的趨勢，同時對那些致力於為大多數人謀福利的人來說，也是一種有吸引力的、最有效的方式。

一些基本原則

儘管可能會讓這一章顯得枯燥無味，儘管有人告誡過我連最拙劣的作家都會避免這種寫法，但我還是要寫下一些基本原則，我所有的人生規畫都建基於此。這麼多年，我所有重要的工作都是在這些大原則的指導下進行的，如果沒有這些清晰而連貫的目標，我的慈善工作也不會取得任何實質性的進展。

所以，我認為制定有條理性的計畫是至關重要的。

大約一八九〇年的時候，我的慈善事業仍然毫無章法。沒有足夠的指導原則，也沒有明確的目標和方向，我一路摸索著前行，哪裡需要我就捐給哪裡。隨著慈善事業的不斷發展，我感到這樣的發展實在力不從心。我逐漸意識到有必要規畫和組織一個部門，來處理相關的日常事務，才能推動此項事業的發展，就像處理商業事務時採用的方法。我將講述我們當時制定的一些基本原則，這些原則一直沿用到今天，希望將來可以發揚光大。

可能不應該在這裡大肆談論這樣私人的問題，我注意到了這不太得體，但並不因此而介意，因為大部分的工作和想法，都是由致力於慈善事業的家人和同事完成的。

每個正常人都有一套生活哲學，無論他是否意識到了。他的思想行為中總是隱藏著某些指導原則，控制著他的生活。當然，他的理想應當是為人類進步貢獻所有的力量，無論這種力量多麼微小，也不管是透過何種方式。

當然，一個人的理想應該是利用自身資源，努力推進文明的進步。但文明是什麼，推動文明發展的偉大法則是什麼，這個問題值得認真研究。如果你走進我們的辦公室，問慈善委員會或者投資委員會，他們認為文明的構成是什麼，他們會告訴你以下幾個要素：

第一，生活水準的提升，亦即物質的極大豐富，包括食衣住行及衛生、公共健康等得到改善，商業、製造業得到發展，公共財富不斷增加等。

第二，政府執政能力的改善和法律的進步，即制定保證每個人公正和平等權利及捍衛最大程度的個人自由的法律，並使之得到公正有效的執行。

第三，文學和語言的進步。

第四，科學和哲學的進步。

第五，藝術和品味的進步。

第六，道德和信仰的進步。

如果你問他們認為哪一個是最基本的因素——確實有人經常問這個問題——他們會回答，這是一個學術問題，每個因素都相輔相成，難說孰輕孰重，但是從歷史上來看，第一個因素——也就是生活水準的提升，總體來說處於政府、文學、知識、品味、信仰的進步之前。雖然它不是最重要的因素，但它是整個文明構建的基礎，沒有它，文明將不復存在。

因此，我們進行各種投資，生產更多、更便宜的產品，盡可能地改善生活條件，為人們創造更加舒適的環境。我們並沒有希望因此而受到好評，我們也沒有做出犧牲，而是獲得了最大、最有把握的回報。雖然在許多方面我們都還很落後，但在生產廉價產品、方便獲取生活資源、普及生活必需品等方面，我們都遠遠超過了他們。

有人會問：既然這些福利是全人類所共有的，為什麼大量的財富被集中在一小部分人手中？在我看來，雖然富有的人控制了大量的財富，但他們不會也不能把這些財富據為己有，只為自己服務。他們確實擁有大批產業的法定權利，控制著資產的投資，但這只是他們與這些產業延伸出來的關係而已。透過投資這種形式，財富又被廣泛地散播出去，並逐漸流入工人的口袋。

目前為止，個人所有仍是最佳的資金管理方法。我們可以把錢存入國庫或者各個州的財政部門，但是根據以往經驗，沒有任何法律可以保證這些資金得到比現行方法更合理有效的管理和分配。所以，富有的人有義務維護對資產的法定權利，管理好這些資金，直到比他們更有能力管理國家資金的某個人或者一群人來接替他們。

我們認為透過高等教育可以促進後面列舉的四個因素的發展，即政府和法律的進步、語言和文學的進步、科學和哲學的進步、藝術和品味的進步，於是我們投入了大量資金在國內外建立了各種各樣的教育機構——它們不僅向更多人傳播人類已有的知識，也盡可能的推進新的科學研究的發展。單獨的學術機構能夠普及的範圍有限，然而新的發現則能夠使人類知識領域得到全面擴展，將為所有學術機構共用，並使全人類獲益。

我們的委員會正不斷拓展投資的新領域，我們不滿足僅僅資助那些對我們有吸引力的事業。我們明白吸引我們的事業並不是因為它們更有價值，只不過更有意義的事業還沒有進入我們的視野而已。可能一些創新的個人專案還沒有向我們提出資助申請。所以，我們這個小小的委員會不會把善款投入單一的管道，即上門尋求幫助的機構，而忽略掉其他項目。委員會充分研究關乎人類文明進步的各個領域，從中尋找我們認為最具推動力的項目，為其貢獻力量。哪裡需要這種機構，委員會就去那裡創建它。我希望擁有更多的人才，進行更充分的研究，不斷為人類文明擴展新的領域。

這些慈善事業一直是我樂趣的源泉，同時也為我的生活帶來了重大影響。在這裡談論這個話題，是希望能再次強調生活中對我們至關重要的事情：與孩子們保持親密的關係——不論是男孩還是女孩——都將使他們受到潛移默化的教育。因為孩子會學習你的一言一行，學會擁有家庭責任感。父親是這樣教我的，所以我也嘗試這樣教育我的孩子。多年來，我們養成一起查看信件的習慣，記下必須要做的種種善舉，研究一些有價值的資助請求，關注我們感興趣的慈善機構和慈善事件的歷史及發展。

第七章

慈善信託：合作原則在贈予中的價值

慈善的方式

在上一章，我講了更加有效地從事慈善事業的基本原則，本章中，我將藉此機會談一下慈善工作中的合作問題，多年來，我一直熱衷於此。

既然商業聯合能夠有效地減少浪費、優化資源配置、獲取更大的收益，為什麼不將這種方式引用到慈善中去呢？安德魯・卡內基先生同意成為普通教育委員會成員，表明了教育慈善事業中的合作理念真正向前邁出了一步。在我看來，他既然接受了委員會理事的席位，便表明他同意委員會透過合作的方式來資助我國教育機構。

每個人都應該感激卡內基先生，他用財富為相對貧困的同胞謀取福利。他致力於投身第二故鄉的公益行為，也為後世樹立了光輝的榜樣。

普通教育委員會成立的目的，在於以系統、科學的方式，說明推進和改善全國各地教育事業過程中存在的問題，並為類似組織樹立一個榜樣。現在，卡內基先生已成為委員會的一員。沒有人知道這個組織最終將取得多大成就，但就目前情況來看，在這種管理方式下，它必定會取得輝煌的成就。雖然我不是理事會的成員，也從未參加過他們的會議，所有工作都是由其他人完成的，但我仍然對此表示極大的信心。

經過多年研究，我們在廣泛的領域中擁有了一些更大的慈善事業方案，這些方案正在逐漸成形。慶幸的是，總有一些優秀的、無私的人，對每一項大型慈善事業都給予支持。最令人滿意和感動的是，這麼多忙碌的人都願意從緊張繁忙的工作中抽出時間，不求回報地為人類進步事業出謀畫策、出錢出力。醫師、牧師、律師和各界舉足輕重的人物，都為我們所從事的慈善項目無私地貢獻著自己的力量。

這樣的例子有很多，比如羅伯特·奧格登[1]先生，多年來一直在繁忙的商業活動中奔波，但仍然在百忙之中抽出時間，熱情地投身於教育慈善事業，充分發揮

1 羅伯特·柯蒂斯·奧格登（Robert Curtis Ogden, 1836-1913），一名在美國南方熱心、積極投入教育慈善事業的商人。

其人格魅力，解決了眾多難度巨大的工作，尤其是改善了南部的公共教育體系。在慈善工作中，他明智地遵從基本原則，所取得的成就必將在未來的日子裡，產生更加深遠的影響。

幸運的是，我的孩子和我一樣充滿熱情，並且比我更加勤奮，他投入更多的精力參與慈善事業。在金錢的問題上，他跟我持相同的觀點，即錢要取之有道，也要用之有道。花錢所投入的精力，至少要和賺錢一樣多。

普通教育委員會一直致力於研究美國高等教育機構的選址、目標、工作、資源、管理、教育理念，以及現狀與前景。委員會平均每年花費約二百萬美元（相當於今日的六千六百九十七萬五千美元），對全國的各類需求和機會進行最謹慎的比較研究。這項記錄對全社會公開，教育慈善家可以從這些公開而客觀的調查結果中，查詢到他們想要的資訊。

我國有很多人都在給教育機構捐款，支持它們的發展。然而，資助那些效率低下、選址不當而又多餘的學校，是一種資源的浪費。研究過此問題的人告訴我，那些花費在不明智教育專案上的資金如果得到恰當使用，將能夠建立起一套完整的國家高等教育系統，足以滿足我們的需求。許多好心人在捐贈前，可能會仔細地調查他們所資助的專案的品質，這些研究應該涉及項目的管理、選址，以及周圍其他機構的配套設施。但是個人幾乎不可能做到如此全面而深入的調查，因為他要麼缺乏相關的資訊管道和專業素養，要麼可能會忽略細節，考慮不周。然而，如果把調查工作交由普通教育委員會來做，就會取得事半功倍的效果，因為委員會的官員擁有相應的專業知識、工作技能和情感支援，受過專門訓練，能夠完成這樣的調查任務。如今，狹隘的排他主義正在土崩瓦解，各行各業的優秀人才正聯合起來，共同完成人類進步的偉大課題。

羅馬天主教的慈善事業

說到這裡，我想到了一個事例，即羅馬天主教。他們在慈善事業上的發展有目共睹。我驚訝地發現，一筆有限的資金在神父和修女手中能夠發揮多麼大的作用，得到多麼充分的利用啊！當然，我也十分欽佩其他慈善機構的出色表現，但在羅馬教廷的組織下，同樣一筆資金所發揮的功能要遠遠大過其他教會。我舉這個例子，只是為了強調組織原則的重要性。數個世紀以來，羅馬教廷一直致力於完善強大的組織力，這一點我就沒有必要再回顧了。

我一直對這些問題抱有相當大的興趣。我的助手們成立了一個規模很大的組織，專門調查我們接收到的資助申請，他們的工作地點位於我們在紐約的慈善委員會辦公室。單槍匹馬地進行調查是行不通的，我已經多次強調了合作的重要性。我們每天都會收到幾百封信件，誰也無法單獨處理這麼多工作量。這是顯而易見的，我不可能一個人處理所有人的申請。

我們制定了很多方案，在不斷的實踐中，這些方案逐漸得到完善。我們在項目上所獲得的成功，絕大多數是經驗累加的結果，是許多熱心人士共同完成的事業。

處理資助申請

我們專門設立了一個部門負責處理大量的信件，閱讀它們，進行分類和調查。起初我們以為這項任務非常艱巨，但其實真正做起來後才發現，這並沒有想像中那樣複雜。這些信件內容各異，描述了寫信者遭遇的不同困境。然而，其中五分之四的信件都是申請供個人使用的捐款，除了感激不盡，沒有任何別的名目。

不過，仍然會有一些很有價值的申請值得關注。這些申請大體分為以下幾類：

第一，地方慈善團體的申請。這些慈善團體會向當地居民發起呼籲，而好市民們便團結朋友和鄉親，寫了這些信，助當地政府一臂之力。然而，這些地方慈善團體、醫院、幼稚園及類似機構，不應該向他們提供服務的地區以外發起募捐，應該由最熟悉當地需要的當地人民來承擔。

第二，來自全國性或國際性的申請。這些申請是針對全國富商的，因為他們的財富不僅能夠資助當地慈善團體，還能承擔更多的慈善事業。有許多大型的全國性和國際性慈善組織和基督教組織，涵蓋了全球慈善工作的所有領域。雖然有名望的富人經常會收到來自世界各地的資助申請，但謹慎明智的捐贈者愈來愈傾向於選擇那些負責任的大型組織作為媒介，協助他們把捐款分配到不同領域。我也會選擇這樣做，實踐證明這是明智之舉。

跟一個統掌所有實際狀況與資訊的組織打交道的最大好處，就是他們最了解把錢用在哪些地方能夠發揮最大效用，我多年的實踐印證了這一點。例如，傳教士為了特定的目的向富人募款——比如建醫院，通常這需要一萬美元。募款的理由似乎合理而自然，而這位募款的傳教士隸屬於一個強而有力的宗教團體。

假如這個申請被提交到這個教派委員會的負責人手中，他會發現那個地方其實並不需要建立一所新的醫院，只需稍加強化管理附近的另一所醫院就可以滿足這個教區的就醫需求，相比之下，另一個教會更需要這筆錢。各個教會機構的管理人都知道這些情況，但捐錢的人卻一點也不了解。在我看來，先去諮詢掌握全面資訊的機構再決定是否捐款，才是明智之舉。

一些傑出人士在面對自身的社會責任時，試圖透過一些理由讓良心得到安慰，這個思想過程十分有趣。例如，有人會說：「我不會把錢給街上的乞丐，我不相信他。」我同意這種觀點，我也不大相信這類乞討，但這不是迴避責任的理由，我們仍然要貢獻出力量，幫助改善以乞丐為代表的那群人的處境。正是我們不輕易屈服於這類人的索求，這才是我們必須加入並支援當地慈善組織的理由，這些機構能夠公正而人性化地對待這一階層，辨別出哪些人值得幫助，哪些人只是為了騙取同情。

又有人說：「我不能把錢給某某委員會，因為聽說那些錢只有一半甚至更少到了那些需要幫助的人手裡。」實踐再三證明，這種觀點並不符合現實。即便真的存在這樣的問題，捐贈者也應該幫助這些機構更加有效地開展工作，而不是逃脫應有的責任。任何藉口都不能讓一個人握緊自己的口袋，不能成為摒棄承擔社會責任的理由。

慈善機構彼此協同工作

對待慈善事業一定要謹慎，不要重複工作，也不要在已經有慈善團體投入的領域再成立新的團體，而是應該加強及完善那些已經投入運作的團體。然而，重複工作的例子很多，捐贈時困難最大的一個問題，就是確定這個領域是否已經飽和。很多人在捐贈時，只是簡單地考慮他們所捐贈的機構是否得到規範及嚴格的管理，而完全沒有考慮這一領域是否已經存在其他機構，這是極其錯誤的。以下便是一個例子。

一群熱心人士計畫興建一家孤兒院，該孤兒院將會由最有勢力的一個宗教機構負責管理。在這些參與捐款的人之中，有一個捐款人在捐贈之前，總是要認真研究該專案的具體情況。他問這個新孤兒院的推動者，這個社區現有的孤兒院有多少張床位？工作效率如何？分別建在什麼地方，以及還缺少哪一種類型的孤兒院？

這些問題，對方一個也答不上來。於是他決定自己蒐集資訊，使這個方案能夠更有效地發揮作用。經過調查，他發現這個城市有很多類似機構，大量的床位處於閒置狀態，這一領域已經達到飽和。事實表明這裡完全沒有必要興建新的孤兒院，於是他把這個情況告訴了新孤兒院的推動者。我希望這個計畫後來能被取消，但事與願違，一旦人們善心大發，就不會去管計畫對錯與否，於是募款仍然會堅定地進行下去。

有些人可能認為，這種方式雖然很有系統，但明顯過於僵化、呆板、不近人情，在很大程度上，忽略了個人的努力。我的觀點是，協同合作的工作團體不應該忽視個體的努力，而應該鞏固和推動個人的積極性。慈善事業中井然有序的協同合作正在日益發展，與此同時，博大的慈善精神從未像現在這樣普遍。

資助高等教育

毫無疑問，那些與主流意見不合的人會招來許多非議。許多人只是看到了日常生活中的最表面的需求，卻沒有意識到那些不太明顯卻更為重要的需求——例如，高等教育的重大資助申請。無知是貧困和犯罪的根源，因此我們需要提高教育水準。如果我們協助推進教育的最高形式的發展——無論是哪一領域——我們將在擴大人類認知水準的疆域產生最廣泛的影響；新發現、新發明將成為世界共同的遺產。我們不能忽略高等教育的重要性。大部分科學、醫學、藝術、文學上的偉大成就，都是高等教育充分發展而綻放的花朵，這一純粹的事實得到了無數次的驗證。終有一天，某個偉大的作家將為我們展現這些東西是如何滿足所有人的需求，使生活更加符合所有人的願望，不論是受過教育的人還是沒上過學的人，不管是社會地位高的人還是低的人，也不管是窮人還是富人，都將因此而受益。

最偉大的慈善在於不斷探索終極性——對根源的追尋，將罪惡扼殺在萌芽狀態的嘗試。芝加哥大學除了具備一所大學所應具備的綜合素質外，還對科研工作給予更多的關注，正是這一點，使我對它的興趣大大增加。

威廉·哈珀博士

提起芝加哥大學這所前途無限的年輕學府，我總會想起威廉·哈珀博士，他的傾心奉獻為芝加哥大學創造了無限光明的未來。

我的一個女兒曾在瓦薩學院讀書，我在那裡第一次見到哈珀博士。院長詹姆斯·泰勒博士經常邀請他在星期天到瓦薩學院進行講座，當時我經常在那裡度週末，因此總是見到這位年輕的耶魯教授並與他交談，而且在某種程度上感受到了他對工作的巨大熱情。

芝加哥大學建立後，他擔任了第一任校長。我們雄心勃勃，希望聘請最優秀的教師，創辦一所不受舊俗約束、採用最現代化教育理念的新機構。他從芝加哥以及中西部民眾中籌集了幾百萬美元，獲得了當地一些重要人物的支持和賞識。這是他的過人之處，因為他不僅獲得了物質上的資助，還得到了忠實的支援和強烈的關注——這是一種最好的幫助和合作。他取得的成就遠超過他的想像。他在大學教育中體現的崇高理想，喚起整個中西部地區對高等教育的濃厚興趣，帶動

芝加哥大學裡的洛克斐勒教堂，建於一九二八年

了個人、宗教組織、立法機構真正行動起來，推進了高等教育的發展。現在的人們或許再也想像不到，目前中西部地區在大學教育上的輝煌成就，很大程度上要歸功於這位賢人的智慧與奉獻。

哈珀博士工作能力出眾，管理能力超群，具有非凡的人格魅力。忙碌之餘，他經常會偕夫人到我家做客，我們一起度過了許多快樂的時光。生活中，他是一位非常令人愉悅的好朋友。

我很幸運能夠在哈珀博士擔任校長的不同時期資助芝加哥大學。然而，報紙總是認為哈珀博士利用我們的私交來獲取這些捐贈。漫畫家為這個話題創作了很多作品。漫畫中，哈珀博士成為一位嘟囔著魔咒的催眠師；或者是他闖進我的辦公室，而我正在辦公室裡從報紙上剪優惠券，一看到他，我立刻丟下手邊工作，從窗戶落荒而逃；有的漫畫中，我站在浮冰上，順著河流逃跑，而哈珀博士在後面窮追不捨；還有一些是，哈珀博士像俄羅斯故事中的狼一樣，緊跟在我身後，我不時地扔下一張百萬美元的鈔票，他時不時地停下來撿。

這些漫畫帶有嘲諷的意味，其中一些還相當幽默，不過對哈珀博士來說就一點也不好笑了。對他而言，這是非常嚴重的侮辱。如果他仍在世，一定會很願意聽到我這麼說，即在擔任芝加哥大學校長的整個任期內，他從來沒有書面或口頭為芝加哥大學向我索取過一美元。即使在最密切的日常交往中，我們也從來沒有談起過芝加哥大學的財政問題。

在捐助芝加哥大學的問題上，我們採取的是與其他捐助一樣的流程。專門負責財務預算和管理的大學職員書面提出申請，學校負責此事的委員會和校長每年在固定的時間與我們的基金會開會，討論學校的資金需求。雙方通常能夠達成一致意見，我不需要再添加任何意見，更不需要任何面談和私下交情。我很樂意進行捐贈，因為芝加哥大學位於我們偉大祖國的中心，它深得當地人民的尊重和熱愛，它所從事的是偉大而必需的工作——總而言之，它有能力獲得東西部捐贈者的捐款，並且受之無愧。它之所以能夠吸引和獲得慈善資金，是因為其具有合情合理的價值，並不是在於個人會面或激情四溢的募款演說。

很多人以慈善的名義要求與我會面，認為那會是獲得資助的最好辦法，這種想法是非常錯誤的。我們一視同仁，要求所有的申請者提出簡潔的書面申請，不需要全面闡述他們認為這項事業有多麼必要。專業人士會對申請內容進行評估，如果值得安排會面，他們便會邀請申請人到辦公室詳談。書面申請為我們提供了調查、諮詢，以及衡量不同觀點的基礎，同時也為我的最終審核提供了詳細資料。這其中不存在其他的方式可以左右這個部門的工作。這規定並不像有些申請者所認為的那樣——要求提交書面申請而不進行面談的規定是對其不近人情的拒絕——反而是對其申請更加負責的工作方法。如果這是一個好項目，我們一定會給予認真考慮——這種考慮僅僅靠面談是無法滿足的。

有條件贈予的原因

捐贈金錢很容易帶來禍患。向一些本可以獲得其他贊助的機構捐款，並不是最明智的慈善之舉，這種捐贈只會使慈善的源泉枯竭。

每一個慈善機構隨時都需要盡可能多的捐贈者，這一點非常重要，這意味著慈善機構可以持續地對外募款；但這些勸募得到回應的前提是他們必須做出成績，滿足社會的需求。況且，公眾的關注也為明智的理財、無私的管理提供了強而有力的保障，從而也使他們獲得持續不斷的支持。

我們在贈予時經常會附帶一些條件，並不是想強迫他們盡義務，而是因為我們希望透過這種方式，使盡可能多的人將來可能成為捐贈者，關注慈善機構的發展並有機會進行合作，從而為這一機構的發展奠定堅實的基礎。有條件的贈予經常受到非議，很多時候只是因為人們不了解其中的真意。

慎重、理智、公正的批評總是彌足珍貴，所有渴望進步的人都應該歡迎這種批評。我遭受過無數惡意的批評，但我並沒有因此而痛苦，也沒有喪失積極的生活態度。我從來沒有想過回擊那些與我意見不一但能夠謹慎判斷並坦誠表達的人。無論悲觀主義者的聲音多麼嘈雜，我們知道世界正在更加穩定和快速地發展，在心情沮喪與蒙受侮辱的時刻，想到這一點，我們就會得到無比的寬慰。

慈善信託

現在讓我們回到慈善信託的話題上來吧！慈善信託指的是用商業中協作的方法來管理慈善事業。這一理念要想取得成功，必須得到掌握商業技能的專業人士的幫助。一個優秀的商人理應認識到這個理念的可行性，並會為之吸引。當這一理論最終以某種形式，或以比我們現在所能預見的更好形式發揮作用時，我們的努力將顯得多麼有意義啊！

最好的慈善機構應該爭取到廣泛和充分的支援，這就需要由最有才能的人透過科學方法進行高效的管理。捐贈者可以完全信賴他們，因為他們不僅會對基金進行妥善管理，並會讓每一分錢都發揮到最大的功用。目前，整個慈善體系的管理都愈來愈鬆散。很多善心人士殫精竭慮募集而來用以支撐慈善機構發展的資金，卻因管理不當，造成嚴重的資源浪費。

我們不能讓那些工作最有效率的偉大靈魂，為籌募資金而苦苦掙扎，他們最重要的工作應該是管理收支機制，把籌錢的任務交給商人就好。教師、工人、雄心勃勃的群眾領袖，應該從緊迫而瑣碎的財務事務中解脱出來，投身偉大的事業，不應該因其他方面的擔憂而分心。

慈善信託的建立必將吸引商界中最優秀的人才，就像現在巨大的商機對他們產生的吸引一樣。加入慈善事業的成功商人是一群具有高尚品德的階層，特殊的例外更能證明我所言非假。有時候我甚至想說，如果神職人員能夠更好地了解商業生活的本質，肯定會受益匪淺。我認為，神職人員與商人加強聯繫，將使兩個階層都有所裨益。神職人員以及那些在教堂中處於重要地位的人，在宗教事務上經常會做出令人驚訝的決定，因為這些人幾乎沒有接受過世俗中的商業訓練，這就直接阻礙了慈善事業的發展。

無論在商場、教會或是科學研究中，人際交往都是建立在信用的基礎之上。能力卓越的商人只與説真話、信守承諾的人做生意；教會的代表們經常會指責商人，説他們是自私卑鄙的小人，然而商人身上卻有很多值得他們學習的地方。如果這兩種人能夠加強交往，增進彼此的了解，就能更深刻地體會到這點。

慈善信託的建立，將帶領慈善事業進入一個新的階段：它們將會正視事實真相；鼓勵和支持工作高效的員工和富有成效的機構；以及提升外界理解慈善事業的標準主要是在幫助人們學會自助。各種跡象表明，這種聯合態勢正在形成，並且發展迅速。在這些信託機構的理事會中，你會發現許多美國的菁英，他們不但懂得如何賺錢，並且承擔起將這些錢合理使用的重責大任。

幾年前，我參加了為芝加哥大學十週年校慶舉辦的宴會，主辦方邀請我在會上發言，於是我草草寫了幾條要點。

輪到我發言時，面對著這些客人——這些家財萬貫、聲名顯赫的來賓——我突然發現這些要點沒有任何意義。這些人的財富和影響力，將為我們的慈善事業帶來巨大支持，想到這一點，我感到激動不已，於是扔下發言提綱，開始陳述我的慈善信託計畫。

「各位來賓，」我說道，「你們一直希望為慈善事業做出貢獻，我也知道諸位事務繁忙，無法脫身。如果你覺得沒有精力來研究人性的需求，只有在經過充分的調查後你們才能決定如何捐助。但是，何不像你為自己及子女儲蓄財富一樣，把要捐贈的善款錢放到信託機構？不管這個人多好，如果沒有理財經驗，你肯定不會想要把留給子女的財富交給他去打理。同樣，捐贈給社會的錢，也應該得到謹慎的管理。慈善信託的理事們將為您處理這些事務。讓我們成立一個組織，一個信託，聘用專業人士，與我們共同合作，妥善而高效地管理慈善基金，推動慈善事業發展。我懇請大家，從現在開始，行動起來，不要再等了。」

我得承認，這是一個非常正確的決定，直到現在都是。

附錄

洛克斐勒寫給兒子的信

洛克斐勒與小兒子約翰·洛克斐勒

一

親愛的小約翰：

我親愛的兒子，我為你感到驕傲。馬上就是你二十歲的生日了，特此寄給你二十美元，還有我和你母親的愛。我們都為你感到無比驕傲，因為你的前程、生命給了我們生活的信心。不只是我們，包括你所有的朋友與熟人，都是你要好好珍惜的財富，他們比這世界上所有的財富都有價值。

時間過得眞快啊！好像昨天你還是一個嬰兒，今天卻已經成為一個朝氣蓬勃的年輕人了。所以，你更應該珍惜時間，為將來做好準備。生命的價值不在於時間的長短，而在於怎樣利用；一個人可以活得很久，卻一無所獲；生命帶給人的滿足取決於人的意志。

約翰，布朗大學的四年使你改變許多。你學習刻苦認眞，持之以恆，完全可以成爲卓越學生聯誼會的會員。儘管我不善於表達感情，但我相信你可以從我寫給你的許多信中深深感受到這點。

讓我們感到欣慰的是：你的生活習慣不錯，不吸菸、不喝酒、不玩牌、不去舞廳；在花錢上也非常節制，嚴格堅守我們家族記帳的好習慣。和同齡人相比，這一點令我萬分自豪。說到這裡，我不由得想起休伊特的兒子喬治，他和你同齡，與他買下一整列私人火車等等揮霍行爲和放浪形骸的生活作風相比，孩子，你近乎完美。

然而，你的自信心是一朵嬌嫩的花，很容易凋零。如果有人指責你，你馬上就會張口結舌。你總是很努力地學習，以免受人指責。你一向很靦腆，但這並不妨礙你受人尊重，你正在變得更加合群、更有自信。

你從出生那一刻起，就給我們帶來了無比的快樂和驕傲，但任何時候也比不上此刻更讓我們爲有你這樣的兒子而感到滿足——看你的來信時，我和你的母親常常高興得熱淚盈眶，你的信令我們感到多麼地開心和自豪。

你上次回信說：「人們都說兒子必定會勝過父親。但是，如果我能有您一半的慷慨、無私和善良的情感來對待我的同胞，我就不會感到生活沒有意義了。幫助您是我首要的責任，也是我今後的快樂所在，不論讓我以何種身分擔任何種職務。」

看來，你已經做好了繼承我龐大產業的準備。這無疑是最令我感到欣慰的。但你說你現在很苦惱，整天在爲從事什麼職業發愁，不知道是否能勝任一個管理者的角色而苦惱。

其實，這是任何人都會遇到的問題。我給你講一個我當年求職發生的事，那時我沒有多少選擇，任何工作我都會很滿足。我找到工作的那一天絕對是可以記入我人生中最偉大的日子，我邁出了人生的第一步。

在此之前我還在想：「雖然水路的貿易欣欣向榮，但我求職的前景卻十分黯淡，沒有人想雇用一個孩子，很少有人認眞聽我的求職願望。」我走遍了克利夫蘭所有的公司，有的公司我甚至去了兩三次，換成別人可能早就放棄了，我那本不被別人看好的倔脾氣幫助了我。

我走進默溫大街的休伊特與塔特爾公司，這裡主要做農產品的運輸代理，我要見他們的老闆，結果接見我的是二老闆亨利·塔特爾。顯然他已經對我這個瘋狂找工作的年輕人有了印象，他說他需要人來記帳，要我午飯之後再來找他。我當時的心跳加速，已經讓我呼吸急促了，我努力克制情緒，佯裝平靜地走出辦公室，我在心裡說：「我一定會成功的。」我怕他們看到我情不自禁的樣子，努力克制走過樓梯的拐彎，然後幾乎是一步一跳地回到家。

那天的午飯我吃得很匆促，一陣焦慮後，我又回到了那間辦公室，以撒·休伊特接見了我，我極力控制自己顫抖的身體。我早就知道他在克利夫蘭有大量的房地產，還是克利夫蘭鐵礦開採公司的創始人。果然他一進屋就極有氣勢，他問了我幾個問題，我認真而坦率地回答他。他仔細端詳了我的字跡，對身邊的人說：「讓這個年輕人留下來試試吧。」要不是想給老闆留下一個沉穩的印象，我一定會跳起來擁抱在場的所有人。

後來發生的事向我證明了他們對於我的需求，或者說對一名助理簿記員的需求。由於他們有很多新生意要做，原來的簿記員已經無法勝任如此大的工作量，所以他們決定雇用我之後就讓我馬上投入工作，連工資的事都沒提。但我不在乎，許多小夥子在學徒的時候也領不到一分錢，我相信以我的才能一定可以盡早結束學徒生活，領到正式員工的酬勞，所以我滿腔熱情地開始了第一份工作。回家路上，我開始注意身邊的人和事，六個星期以來，我一直沉浸在找工作的忙碌中，根本沒有留意過他們，原來克利夫蘭有著極高的審美價值。而這一切的感受都源自我豁然開朗的心境。

我把那天命名爲我的「就業日」。我覺得那天甚至比生日更有意義，我眞正的生活從那天開始了，我在商業上獲得了新生。也許有些人無法體會我當時的感受，但我不停顫抖的手和發熱的臉頰，向我證明了其意義不亞於初次受洗。我發現從少年時代起就一直蟄伏於我體內的活力開始甦醒，並注入到商業世界中去。

我深信，自己眞正地長大了，我將要擺脫沒完沒了的掙扎，擺脫孩提時代荒誕顚倒的世界。我遲早有一天會向所有人宣布：「在這裡，在克利夫蘭，一個叫洛克斐勒的成功者正在崛起。」

約翰，我也希望你做好準備，爲偉大的事業而努力。你將要進入一個全新的世界，一個與學校完全不同的環境。我的兒子，你一定會像以往一樣讓我感到驕傲的。人生的路有千萬條，但關鍵時刻一步也不能走錯。

亞里斯多德說過：「如果我們每個人能夠重新活一遍，我們每個人都將不朽。」可是，世界上沒有一個人可以重新活過，所以你必須珍惜現在的每一分鐘。

對於目前的你來說，從事具體工作還需要一段很長的時間，但你可以嘗試爲職業做一些規畫。將那些最吸引你的職業列成表格，再將其他一些因素考慮進去，我建議你還是選擇那些在任何地方都有機會的職業。這樣即使你要換一個工作地點，也只需帶著你的天賦和技能就可以了。

把你的夢想先縮減爲兩三個職業追求，仔細討論它們，然後一一參觀它們的工作場所。我想我的衆多朋友當中一定有人從事著你將選擇的職業，他們會樂於提供幫助的。

在這封信結束之時，我還想告訴你，這是你人生中做出嚴肅決定的時刻，但是不要有太大壓力，因爲這也是最激動人心的時刻。你可以跨越所有障礙，成爲想要成爲的那種人。暫時告一段落，留一些時間反思，然後讓自己激情飛揚。

我們的小海鷗已經長大，準備起飛吧！

愛你的父親

二

親愛的小約翰：

薩斯特教授寫給我一封信，他在信中對你經商的天賦大加讚揚，這讓我感到很欣慰。自從你上次回家和我一起參加商界紳士俱樂部成立一百週年的晚會後，你說有進入商界的宏願，並且這願望發自你的內心，我對此拍手歡迎。你眼中的商界是一個色彩斑斕的大千世界：坐高級轎車、進行環球旅遊、在豪華的餐廳裡進餐……可以看出你對金錢有著無比的熱情，你的經商意識已漸漸浮出水面，這一點很像當年的我。

不同的是，我當年從商多半是出於生計，並不是對商業有多大興趣。萬幸的是，我因此找到了適合自己發展的道路，我的大多數成就來源於此。當然也有一些人，他們無法很好地掌握商業社會中的遊戲規則，下場淒慘。因此，你一定要選擇自己感興趣的，並且能發揮你特長的行業。不要因爲某些暫時的光輝，就貿然決定投身其中。

當然，你在選擇行業的過程中也許就會發現適合自己的活動領域，這是非常幸福的事情。但這種可能常常很小。你也知道商場如戰場，商界是一個極其複雜、範圍十分寬廣的領域。這是一個隨時有人破產倒閉、被壓力壓倒，從此一蹶不振的世界。我親愛的小約翰，你知道嗎？事業就好比易碎的花瓶，完整時美麗無瑕，一旦損壞就會覆水難收。有感於此，山姆·巴德拉曾有一句名言：「在起跳之前瞧瞧前面，播下的種子該收割了。」所以初出茅廬的你，最好從現在開始，馬上制定一份爲期五年的周密訓練計畫，以增強自己面對陷阱時的應變能力。

上次你在信中說想進入我們公司，對此我表示歡迎。但是我必須告訴你，如果現階段你想進入我們公司，至少還需要三至五年的學習。想要成爲熟練的管理人員，就必須勤學不倦。但是，我並不希望你爲了應付考核而一味苦讀，這是不可取的。成績表並不能反映出眞實情況，它只代表了學習方面的情況。如果想熟練掌握公司的經營方法，至少還要花去你五年時間，在這五年中你要熟悉顧客、工作場地、從業人員、經營陣容等內外部的管理方式。只有學好這些，你才有資格享受高級轎車、輕鬆的旅行和豪華的餐廳。

一旦你確定了目標，就應盡一切可能培養自己的自信心。世界的大小由你決定，因為偉大的成就源於崇高的理想。只要你下定決心，整個宇宙都會來幫助你的。

大多數人不了解商人應該做的事情，他們沒有考慮去獲取經營方面的知識，卻貿然揚言「我要經商」。當然，我希望你從商的意願是發自內心的，而不是出於家族考慮而做出的違背自己意願的選擇。

你若想在這方面有所成就，首先就應該與相關職業的人進行交談，但是一定要選擇那些人生觀不偏不倚的人。與那些沉迷於自己的職業、把經商作為唯一話題的人交往是有害無益的。同樣，與那些不忠實於自己意願的人交流也沒什麼益處。優秀的人才會對你要學的課程提出建議，並且在你打算開一家公司時，告訴你什麼事情是最重要的。

在從商之初，你一定要重視這種準備，就不會浪費過多的寶貴時間。如果不認眞選擇，你就只能被動地投入無聊乏味的職業，這將給你的一生留下不可抹除的陰影。

以上所說，都是我很重視的事情。上中學時，我就很注重社會實踐了。每年暑假期間我都會在克利夫蘭河畔碼頭運輸公司實習，這種經歷讓我受益匪淺。我以一段小插曲爲例作爲說明。

有一年夏天，我在工廠裡做著艱苦勞累的工作，當時的工作環境相當惡劣。我們實行的是輪班制，一天工作八小時，一週工作六天。然而，大部分的人都毫無任何怨言地做著這一工作。這使我透澈地理解了兩件事情：第一，就是有的人終其一生都必須從事這種工作；第二，就是這些人將一生中最爲可貴的時間都耗費在條件艱苦的工作環境下。在我的眼裡，他們是可悲的，於是我下決心誓不與這種人爲盟。

總之，你要珍惜放下書本的時間，做事要先制定好計畫，在你所選擇的職業範圍內，盡量增加實際工作經驗。現在它們對你這種年齡層的人來說，幾乎都是嶄新的經驗，因此要抓緊把握它們。

儘管你在書本知識上下了很大功夫，但這只是在正規教育的範圍內。抱著對知識的渴求心理去對待學業是必要的，因爲求知的欲望愈強，就愈會把學習當成一件樂事。遺憾的是，你的同學中，有不少人只顧著對教師或教育制度等表示不滿，把作爲一個學生的本分——好好學習——置之腦後。教育制度的改變不是輕而易舉的事情，自我的學生時代起已經三十餘年都沒有太大改變了，大部分的施教者也不會變更。

因此，與其對教育制度發無用的牢騷，還不如學會去鑽制度的空子。不要只限於學習有關商業經營的課程，你應該把視野放寬，培養明察萬物的大智慧，掌握那些能夠促使你成爲優秀商人的課程。政治、歷史、地理、天文學等，只是其中很小的一部分。

英國著名作家約翰．德雷登說過，「萬物都有它存在的價値」。我完全贊同他的觀點。爲此我奉勸你，每年都要研究一門新的知識，這樣才會使你的視野更加開闊，使你具有變通的人生觀，至少會跟以前有所不同。當你最終進入某一領域的產業，或者當你在商界礦區內的崎嶇小道上前進時，以前所學的一丁點知識都將顯示出難以想像的重要性。

大學期間，你應該掌握與領會法蘭西斯·培根的成功祕訣。他的理念是：「讀書使人富有；交談使人機敏；寫作使人沉靜。」這些能力的組合對想要獲得成功的人來說，是必備的三件法寶。

所以，我希望你經常讀書以培養寫作能力，並且學會與別人推心置腹地交談。只有這樣，才能爲你在離開大學時，做好進入社會的準備。我自己也是按照這一方式打好基礎的。順便再說一句，我從不認爲以前所學的都是白費的，人都是在學習中成長起來的。

愛你的父親

三

親愛的小約翰：

在你即將走入社會之際，我想有必要與你談談金錢觀。

我們必須對金錢有正確的認識，這當然需要時間來驗證。我在你這個年紀時對金錢十分嚮往，甚至有一點瘋狂。我知道金錢能夠換來道德、尊嚴和社會地位，這些東西比漂亮的住宅、精美的食物和昂貴的服飾，更令我激動不已。

我年輕時曾經沉迷於閱讀《先賢阿莫斯・勞倫斯日記》這本書，這讓我一度認爲自己是一個自相矛盾的人。勞倫斯是新英格蘭一位富有的紡織廠主，他透過一場精心安排捐贈了十萬英鎊。我每次讀到他的信箋總是入迷到極點，他給人的鈔票都是嶄新的新鈔票，不僅看得到而且聽得到。我打定主意如果有一天，只要我辦得到，我也要給別人新鈔票。十幾歲的孩子的腦子裡有這樣的想法，也許會顯得古怪而可笑，但我知道，那是金錢在我頭腦裡所產生的奇妙效應，也只有在我的頭腦中才會這樣。

現在看來，我當時的想法多麼幼稚，如果只知道賺錢，生活就成了一個緊鎖的保險箱，東西進不去，也出不來。有一次，我看見許多玫瑰被搶購一空，於是就冒出一些很小氣的念頭。因爲總有些女孩會收到遠遠多於需要的花，那麼爲什麼不把這些花再收起來，趁夜晚降臨之前賣給那些因爲買不到花而心急如焚的小夥子們呢？不過，這個想法一冒出就被我給罵了回去，這正是我所警醒的貪婪蠅頭小利與開動腦筋、努力工作的區別，如果我利用那可笑的小聰明而成爲富翁，那可眞是天大的笑話。

金錢僅是萬物的外表，而非核心：金錢可以買到食物，卻買不到好胃口；金錢可以買到藥品，卻買不到健康：金錢可以買到相識，卻買不到好朋友；金錢可以買到享樂，卻買不到幸福與安寧。

可是金錢還是主宰了我們的生活。你可以否認、抗議，可以宣稱對錢財視如糞土——你可以任意表演自己在道德與才智上所受的訓練，但說到底，金錢畢竟還是生活的核心。但金錢的確不是最重要的，它與生命的真意毫不相關。這是我們的一種困境：應該怎樣對待生活中那些雖然不重要，卻占據你生活核心的事物呢？

我認識許多人，他們對待金錢的觀念各有不同。我曾和街頭流浪漢一起喝最便宜的酒，他們把僅有的鈔票揉成一團塞在褲子口袋裡；我也和那些證券經紀人聊天到深夜，他們操縱著大筆錢財，對於一便士現金或硬幣不屑一顧；但我也見過有些有錢人連一分錢都不捨得花，害怕一絲一毫的財產流失；我也見過慷慨的富人、犯罪的窮人，見過妓女也見過聖徒。

這些人都有一個共同點：那就是他們對金錢的處理方式源於金錢觀，而不在於他們擁有多少金錢。簡單地說，金錢只有兩種選擇——要麼有錢，要麼沒錢。不過，從感情和心理的角度上講，它絕對是虛幻的。你可以把它當成任何事物。

即使你對金錢不感興趣——你只希望不要因此而拮据——它就會變成被某種抽象定義的概念。金錢可以產生利息，你必須盤算怎樣進行投貧，根據自己收益的多少來納稅，使它成爲有著自身涵義的財產。金錢像園中的花草，經常遭受經濟風暴的衝擊，你要像園丁那樣照料它，它就會成爲你思想的核心，即使你認爲自己攢錢只是爲了以後不再爲錢操心。

你應該怎樣對待金錢呢？在赤貧和暴富兩個極端之間，什麼才是你正確的態度呢？這裡沒有嚴格的解答，但有一些基本準則你應該銘記。

古希臘哲學家德謨克利特有句名言：「使自己完全受財富支配的人，是永遠不能合乎公正的。」如果你慷慨大方，別人也會同樣對你大方，錢財在分享中得到流通，這跟揮霍金錢——只是尋求在浪費金錢時的那種刺激——不同，我所說的分享，就是用你的錢去幫助他人做有意義的事，而不計較回報。如果你這樣做了，你也就成爲助人爲樂的人，就會有無數與他人交流互助的機會，人們也會以同樣的善意回報你。

這種情形就好像人們用外語交流一樣，講同種語言的人可能會有更多共鳴。如果追求錢財讓你有安全感，你會發現周圍的人也是這樣，你們都會戴著面具，握緊拳頭，怒目而視，你們的共同點就是猜忌和懷疑；但如果積累錢財是爲了分享，你就會發現大家講著同樣的語言——分享，世界就會充滿生機。

但還有更重要的一點：如果你是個守財奴，你就不會快樂，貪財的人不能承受損失，而金錢總是來來去去，這是它的特性。守財奴卻無法容忍這種必然的流失；而慷慨的人，即使在貧窮的時候，內心也是富裕的，因爲他們看到了分享的益處。他們的慷慨常常會點燃與他人分享的火花，錢財的流失成爲大家都能從中受益的共同禮物。

大方的人願意看到錢財從他們手中流出，他們理解關於金錢的另外準則：有時爲了前進，必須損失錢財。拒絕付出的人總被他們渴望獲勝的心理壓得喘不過氣，他們太怕付出，害怕這個世界發生變化；拒絕在交易中有所損失的人，常常陷入故步自封的境地而無法自拔。有時前進的需要比拿出最後一個銅板更爲重要，這種進步值得我們傾囊而出。

但我並不在意你是否能對金錢達到禪宗式的思想觀念，我只想告訴你：金錢是流動的、虛無的，生不帶來，死不帶去。如果你堅持認爲錢財只能增多不能減少，你就是在和諸如呼吸、來去這些自然規律唱反調。無論錢去往何處，生活還得繼續，還有更值得我們注意和關心的事情等在前頭。

如果你堅持認爲金錢最重要，這裡還有最後一條準則：金錢具有某種特性，我稱之爲「物種辨認性」。它可以進行自我辨認：賺硬幣的人損失硬幣，賺鈔票的人損失鈔票，賺大錢的人損失大錢。

如果你眞的想賺錢，就必須置身於同類人中。如果你想成爲百萬富翁，最好學著加入他們的世界，了解他們的規則和技巧，然後將你的才能運用到如何與他們共事相處上。那些賺幾百萬的人並不比賺幾張鈔票的人更聰明，但在不同的舞臺上，金錢可以成倍地增長，他們的才智獲得的報答也更多。

因此，如果你想要賺錢，你就要接近金錢，這樣金錢也會向你靠近。但面對處理錢財的方法，要銘記這條眞理：有多少錢並不重要，重要的是你怎樣運用它。

金錢只不過是一種商品，一種雙方認可的抽象交易。交易的精神使金錢有了生命力和存在的意義。慷慨的施予者，不論貧富，都將爲這個世界帶來光明；那些錙銖必較的守財奴，則只會用金錢來關閉我們的交流之門。

做一個給予者和分享者，其他一切問題都會以某種出乎意料的方式迎刃而解。

愛你的父親

四

親愛的小約翰：

約翰，你最近從事的原油市場行銷工作，一定很辛苦吧？你從布朗大學畢業後，就在商場上做著推銷員，要知道這是一個吃力不討好的工作，你也體驗到了做小人物的苦惱了吧？但你不應該有放棄的念頭，你怎麼能一連幾天都躲在房間裡聽音樂或者外出泡酒吧，而不去工作呢？要知道你的事業和人生才剛剛開始，這正是你經受考驗的時候。

孩子，我對你的一些做法感到有些不安。你應該清楚地知道，任何一個成功者都是從小人物做起的。年輕人都渴望出人頭地，但這需要一個積累的過程。沒有人喜歡工作，包括我在內，但我喜歡工作中所包含的東西——發現機會，挖掘才能並提升自己，才能爲走向成功積累經驗。歷史上許多著名人物，在你這個年紀時甚至還不如你，所以你不要著急，更不能氣餒。

在我年輕時的日記中，記載了我當年還是無名小卒時的歷程：有一年暑假，我決定找一份臨時工作鍛鍊自己。有個朋友對我說俄亥俄州機械製造公司在招聘工人，我決定去試試運氣。

第二天，我早早地來到了面試地點。十點鐘一過，排隊的人群開始穩步地向前移動。不久，輪到我面試了。

「你想找個什麼樣的工作？」一位人事職員問道。

「薪水最低的工作就行，我急需一份工作。」我說。

「好吧，我們雇用你了。」

那時的我正處於低潮期，我需要一個起點，即使是最底層的；現在我終於擁有了這個機會，我被安排在組裝線上。那時公司正在爲陸軍製造機車手提燈，我的工作是把帶著銅鉚釘的帶子纏繞在鐵環上。

雖然當時的薪水每小時只有二十美分，但是我發現手工勞動有趣而令人滿意。人一生幾乎都要經歷用手勞動的過程，這對我來說並不難。然而，工作的第一天，在組裝線上釘鉚釘時，我的手就被錘子弄傷了。我很擔心這一事故會對工作造成不便，於是在得到老闆的許可後，下班後我留下來，試圖研究出一個能用受傷手指工作的辦法。我在車間裡不斷探索，終於找到了我需要的工具和材料。我製造了一個木頭節子，它可以把鉚釘固定住，我就可以毫不費力地工作了。

第二天一大早起來，我就去試用新製的工具。我在其他工人到來之前開始做工，結果取得了驚人的成功。這個木節子能固定住鉚釘，不再需要手扶，我就可以空出一隻手做更多的事。這一改進也得到了老闆的誇獎。這件事使我認識到了任何工作——即使是最底層的工作——都需要你認真對待，也許一個小小的發明就是改變你一生命運的契機。

自從有了這個木節子，我的工作速度加快了一倍。這樣我就擁有了大量的剩餘時間，我向老闆要求更多工作，並被委以一大堆雜務。我幫助組裝線上的女工調整工作站，經過調整使得她們工作得更順手，提高了工作效率。我總是在任何可能的環節中，協助我的老闆。我總是第一個來到公司的人，下班後常常留下幫助清理整頓，爲第二天做準備。在我看來這是一份不錯的工作，既滿足了我的需求，又提高了工作能力，爲今後的發展打下了基礎。

時間一長，我與公司的人就如同一家人了，我也參加了公司的一些娛樂活動。公司有個壘球隊，每週都與其他一些小公司進行壘球比賽，我成了球隊的一名管理員。在公司的球場上我結識了奧林．哈威，他既是球隊隊長又是公司的採購員。一天練球時，我們談到了工作。

「你對這份工作的感覺如何？」他問。

「不錯。」我說，「但在釘鉚釘上我已經找不到提升能力的空間了，我想找點更具挑戰性的事情做，這樣我才能夠學到更多東西。」

我沒把這次談話放在心上，繼續做好本分工作。突然有一天，哈威先生來到我們的生產線。「你願不願意到採購部門做一個訂貨員，約翰？」他問。他解釋了訂貨員的職責，並說我可以藉此了解整個公司的生產流程，他強調說，所有生產成品所需的材料都要經過訂貨員過目。

我當然願意。在新的工作中，我的努力和解決問題的能力同樣得到了認可和獎勵。短短三個月，我便從組裝線工人升到了採購部，繼而又被提升爲經理助理。只可惜不久以後，我就因爲開學而不得不離開公司。但這三個月的工作使我認識到，沒有內部關係和推薦，我仍可以從最底層做起，並獲得成功。我認爲這是獲得商業基礎的最好途徑，並能使我獲得在該領域發展的自信。

每次有人問我：「什麼才是最可靠的成功之道？」我認爲做個好雇員是最重要的。之所以這樣認爲，有兩個理由：每份工作都能爲你贏得認可、金錢和自尊，生活也會因此而變得精彩紛呈；一個好雇員在靜心等待認可、金錢和自尊的過程中，會發現更多的樂趣。

約翰，你在我的經歷中學到了什麼呢？你是不是也應該遵循這些建議呢？你剛開始工作，對於這個行業還沒有眞正的了解，待你稍稍成熟些，工作就會得心應手了，你就會發現工作中的樂趣。現在，我把我總結的幾點職業戒律推薦給你，這些都是我在最底層的奮鬥中摸索出來的。

學會在苦差事中潛心等待。大多數年輕人在擇業時，都會經歷一些辛苦繁瑣、單調乏味的工作：爲日理萬機的老闆跑跑腿、整理通訊錄什麼的。這對某些人而言，根本就算不上是什麼職業，但你必須把這樣的工作當成漫漫求索之旅的重要起點。

樂於接受並主動要求額外的工作，但要適度。在展銷會上，你可能還不夠格代表公司，但別讓他們忽視你樂於承擔工作。如果你有興趣更好地組織本部門，那麼就要大膽地說出來。但記住一點：你必須具有承擔那些工作的能力，並且要全力投入。

雄心勃勃並不意味著張揚。眞正的成功，必須要提升智慧和人格魅力，除此之外別無他法。你要在暗地裡雄心勃勃，隨時注意是否有合適的空缺，伺機而發。事實上，原動力和奉獻是帶來成功和喜悅的最好的「進攻」策略。

人與人的差距更多體現在思想方法上，雖然起初大家站在同一起點，但日積月累就會愈拉愈大。所以要時常審視與他人的差距並及時總結，方能迎頭趕上。你要善於觀察、學習、思考和總結，你不能逃避，也不應該一味地苦幹奮鬥、閉門造車，這會導致一個人原地踏步，總是重複過去犯下的錯誤。

成功的規則未必這樣篤定，你要有很高的悟性，學會自己去發現和總結。面對差距和挑戰，要及時調整心態，增強自信心，要學會獨立思考、多謀善斷、隨機應變。這是我的心路歷程，我今日的成就是我從底層打拚、奮鬥不懈的結果。做小人物並不可悲，可悲的是沒有從小人物做起的勇氣。我希望你能夠以正確的心態來看待工作，以飽滿的熱情對待工作。好了，我相信你明天會按時到公司上班的。

愛你的父親

五

親愛的小約翰：

還記得我當年帶你到北部打獵時的情景嗎？那時候的你是多麼勇敢，面對狼群絲毫不懼。我希望你仍然用「初生之犢不畏虎」的精神，來面對今天的挑戰。我們要對付的問題主要是對手的新創意。你大概也發現了具有創造思維是多麼的重要，而創造能力是人的心理本能之一。

雖然我們有一種產品在市場上落後於競爭產品，但我們並非對此漠不關心、等閒視之。針對這種情況，我們一直貫徹著一個方針——把公司的一部分盈利投資到持續性的研究和開發專案裡。最近爲改良現有產品，我們做出不少突破。因此我堅信我們很快就能消除競爭產品的威脅。

技術部門新開發的產品投入市場毫無起色，一定會讓你感到擔心。約翰，別著急，以我的經驗來看，新的改良方案都不應該立即拿到市場上實踐，只有在面對現在這種消費者有「不時之需」時，才是最好的投入時機。

要想成爲一個成功的商人，就必須學會總結經驗教訓。在這件事上，你應該學到的第一條教訓是：很多公司將利潤的大部分以紅利的方式分發給股東，而不是投入到新產品的研發中，這是一個極大的錯誤。一家優秀的公司（比如我們公司）應該重視產品研發，只有這樣才能使公司立於不敗之地。因爲所有的股東都是家庭成員，因此「今天投資是爲了明天發展」的策略執行起來要比其他公司容易一些，這也是唯一的成功之道。

第二條教訓是：要在員工的思想意識中樹立想像力和創造力的觀念，這對一個公司的成功來說相當重要。通常人們會認爲若想獲得成功，只要接受教育並樂於努力工作就可以了，時代變了，這種觀念已經落伍了。當今成功要依賴於想像力和創造力，再加上知識和努力工作。

一般認爲，發明家都是「天生」的，大多數人不具備極高的創造能力，而我則認爲所有人都具備這種能力。

我在剛進入商界時，總認爲自己一點也沒有繼承到你祖父的天賦，並爲此懊惱不已。慶幸的是，時間、學習、實踐和經驗證明，事實並非如此，但我在那時卻很難認識到這一點。如果我相信自己的能力，就會減少許多不必要的苦惱、煩躁和不確定。

你也是個年輕人，也會犯我當年的錯誤。不要因爲在美術課上只能畫簡單的人物造型，在英語課上只能寫一首小詩，就盲目否定自己的能力。幸好，有了你母親和我的經驗，可以幫助你糾正這一錯誤的意識。你應該知道創造力不僅在於漂亮的圖畫和明快動人的散文，偉大的發明常常是在日常生活中突然而至的。

創造力和天賦是以不同的方式在日常生活中表現出來的，很多時候人們都忽視了自己的創造力。你能夠從普通的銷售人員做到銷售經理，這在很大程度上就是依賴於你在工作中所表現出的創造性思維。比如，如何更好地接觸新客戶，解決現有客戶的問題，進行談判，完成合約，平息員工的不滿情緒，鼓舞團隊取得更大的勝利，出色地交談和演講等等，這些都是你的創造力的表現。

利用創造力資源有幾個步驟：向思維輸入資訊，讓它在安靜中慢慢醞釀想法，進行「策畫」，然後躋身於世界知名的發明者當中。如果當初就能領悟這些道理，就可以省去很多徒勞的苦惱和動搖。正如約翰．巴肯曾說過的：「作爲領導者，他的任務不是把偉大加之於人的身上，而是要去發揮這種偉大，因爲偉大早已存在。」

約翰，現在你只是在犯許多人都會犯的錯誤。創造力的應用有以下四個方面，我把這些方面稱爲「心理活動」、「成熟期」、「孤獨」和「主人翁精神」。下面我就各個方面進行一下探討。

「心理活動」指的是首先要在潛意識中儲存所有已知的事實，然後在潛意識中理清複雜的頭緒，做到心中有數，很快就會找到解決方案，各種辦法就會接連浮現在你的腦海裡，有時會在你意想不到的時候突然出現。總之，辦法會浮現到你的腦海裡，並以某種形式集中起來，之後你就可以去實踐它們。

「成熟期」是指這個想法的醞釀過程，不能急於求成。當然，也有例外的時候，但一般來說，構思需要時間，有時甚至會花上好幾年的時間，耐心思索，反覆試驗，在潛意識中儲存新的資料，等待最後的解答。詩人羅伯特·李·費羅斯特是這樣說的：「牛頓在抓住靈感之前，蘋果曾多次落到他的頭上。自然會反覆啟發我們，而我們則是偶然得到了靈感。」人類以這種方式抓住靈感，發明了車輪、紙張、玻璃、電、汽車、飛艇，在其他方面也取得了許多卓越的成就。

「孤獨」是創造力重要的催化劑。爲了抓住靈感，必須讓心靈安靜、平和，需要有使新構思浮現在腦海裡的安靜時刻。詹姆斯曾這樣說過：「正如社會可以培養完美的人格一樣，培養想像力需要孤獨。」我在星期四傍晚離開辦公室，星期一才回公司，就是這個原因。一般的朋友認爲我在星期五休息，他們不知道，星期五不管我是在家裡度過還是去划橡皮艇，對於我來說都是安靜思索的一天，是長期以來成果最多的一天，是最寶貴的工作日。

「主人翁精神」的定義是「爲了達到特定目標，將兩個以上人的知識進行統一」。解決問題的時候，「把腦袋湊在一起」常常比一個人想要好得多。

這些與我們正在面對的新產品的競爭，又有什麼關係呢？我相信你已經有了答案，那就是要利用我們的創造力——這是每個人與生俱來的能力。我們的競爭對手目前在某個產品上領先一步，但這並不意味著我們只能坐觀事態發展而不做任何準備。

競爭促使企業思考，誰想出更好的創意，誰就贏得了競爭。研究對手的策略是至關重要的。創造力不只是一種沉思，它也需要行動。目前我們在改進產品方面已經取得一些重大突破，相信很快就能夠迎擊競爭者對我們構成的威脅。

我做生意的一個座右銘是「保持謹愼」，將改進產品的一部分暫時保留，等待時機，不要立刻投入市場。簡單說來，就是讓對手先亮出底牌，當他認爲已經占了上風的時候，你再挑選出最好的一張牌——充滿革新精神、完美得足以使對手退縮的產品。創造性需要勇氣，這是一個無人涉足的領域，但你將會發現自己可以創造一個偉大的局面。

約翰，這種創造力對公司來說就是創新。創新的出現具有偶然性，我們很難預料會有什麼樣的創新，或是這種創新會在什麼時間出現。創新往往是一個意外的發現或是市場需求帶來的變化。

從管理的角度來說，是要透過建立一種制度、一種理念或是一種文化，來增大創新的概率和提高創新帶來的價值。創新的本質在於開闢新的市場領域，使公司在激烈的市場競爭中立於不敗之地。這其中包含了很多無形的價值。

對公司來說，對某種產品的定型、某項服務的規範，也可以被視爲創新，因爲它們同樣開闢了新的市場領域，具有相當大的價值。創新的眞正意義在於能夠被有效地轉化到價值鏈中並爲公司帶來價值。而公司追求創新的本質，在於能透過創新使公司避開競爭，占有更大的市場分額。

愛你的父親

六

親愛的小約翰：

感謝你送給我的高爾夫球桿，最近我很迷戀這種運動，它讓我的身體得到了鍛鍊。我還要謝謝你邀請我看電影，我記得你小時候最喜歡看歌劇。另外，我還是想跟你聊一下工作上的事情。聽說你的一個老客戶，想讓你用十加侖的油桶只裝九加侖油的方式，給他回扣。你長期以來一直跟他們合作得不錯，爲了能夠穩妥地簽訂這份合約，你居然想向這個骯髒的傢伙妥協、賄賂他，這讓我有些擔憂。同時想跟你聊聊誠實的話題。生活並不會讓人一下子擁有屬於他的好處，道德也許完全是人們做出選擇的勇氣。

我年輕的時候也做過一些類似的事情，這使我終身遺憾，到今天我都不能原諒自己。我希望你不要犯我當年的錯誤，一個人的品質即使蒙上很小的汙點，也會遭人唾棄。如果時間可以倒流，我一定會糾正許多不該做的事情。一個人不可能不犯錯，但是應盡量避免犯錯，你說是嗎？

約翰，我想跟你談談作爲一個商人所應具有的節操。你如果向這個人妥協，就相當於對自己公司的盜竊。因爲，如果是作爲優惠政策，公司要付出這筆錢，但不能讓這筆錢作爲賄賂的款項落入這個人的口袋裡，因爲很明顯這個人是在怠忽職守，欺騙了公司，利用這種方式進行詐騙。

約翰，如果你向他妥協了，就等於是唆使他幹壞事，我當然會第一個站出來反對。在不久之前，我和老朋友聊天的時候，他還在問我，在商界生存最重要的一點是什麼，我毫不猶豫地回答說是誠信。因爲只有具有誠實人格的人，才是有道德、有品質、生活態度高尚的人，他們日常生活中的正直、坦率是令人感到安心的，在企業界具備這種品質是事業成功的保障。

當然也有那麼一批人，與我的觀點正好相反，他們不推崇正直，認爲名譽遠不如財富重要，他們高舉的標語是和誠信背道而馳的，這讓人感到很可惜。但我堅信，世界不會寬容到讓這些無節操的人長期混跡在市場中，不要因爲他們而置自己的信用於不顧。不應把誠實說成是一種恩賜或可貴的優點之一，而應該把它看作商業界人士最基本的品質，它是成功的基礎，只有它才是能夠帶來長期成功的眞正原動力。

相當多的人靠手段進行商品交易，那些人多數都是背叛別人後就遠走高飛的。據我多年經驗來看，那些人根本不可能長久地混跡下去，因爲，在企業界裡傳得最快的消息莫過於欺詐和違反道德的商品交易醜聞了。醜聞一旦傳開，就會帶來致命的後果，也就是銷售量的下降，每個企業家都不希望看到這樣的結果。

你不應該養成這一作風。因爲不正直多半是從家庭開始的，孩子性格最初形成的主要因素是父母。而你從小接受的都是完全正確的教育，我和你母親都是無比正直的人。

父母的榜樣力量是最有說服力的。一旦父母以各種方式表現出奸詐的行爲，比如在餐廳吃飯結帳時，服務生少算了錢就十分高興，長此以往，孩子就會有樣學樣。

許多父母由於自身的不良行爲，以微妙的方式教給了幼小的心靈去欺詐別人，孩子長大後就會非常明顯地表現出來，會嚴重影響一個孩子未來的人生。我不希望你在這方面出錯，因爲我和你母親從來沒有做過投機取巧的事情，我希望你也同樣擁有健康的道德觀。

我一直把保持對顧客、職員、供貨單位，以及銀行的信用，作爲個人信條，對管理人員嚴格要求，我們的事業是以這個方針爲基礎建立起來的，直到現在仍然是我們的基礎原則。爲了獲得良好的信譽，所有人都付出了長期的努力，包括我在內，我爲此感到無比自豪。在我看來，作爲管理者，不損害信譽也應該是要務之一，因爲信用有著不可估量的價值。你應像我一樣秉持這個原則，不靠欺騙的手段，而是設法光明磊落地戰勝對方。

只有誠實迎接企業的挑戰，才會感受到眞正的精神煥發，這就是守信用的最大好處。要加強公司的信譽，別人會評價說這是一家信得過的公司，因此你在一開始就應培養自己和手下的員工具備誠信的品質。

因此，對於優秀的企業家來說，誠信遠比金錢有價值。金錢的誘惑只是一時的，而品質的純潔則是一生的，我相信你會在金錢與品質之間做出正確的選擇。對一個眞正的企業家來說，他透過努力獲得的不僅僅是金錢，還有高貴的品質。

古希臘的哲學家第歐根尼曾說：「我在找尋眞正正直的人。」愛爾蘭的哲學家喬治．柏克萊巴說過：「誠信是人人都應高舉的標語，但實踐的人又有多少呢？」誠信或許只是極少一部分人占有的不可估價的財富，信譽是奸詐的人花天價也無法買到的，他們無法體驗贏得它的樂趣，就像被閹割的公豬永遠無法獲得擁有小豬仔的樂趣一樣。無論這些人透過不誠實的手段賺取了多少不義之財，相信在基督的「照顧」下，員警總有一天會敲開他們的門。

所以，我們必須用誠信的方式賺錢。話題太嚴肅了，本應快樂的聖誕，似乎都被我破壞了氣氛。不過，約翰，我相信你會理解並接受我的建議的。

我們把話題再轉回了那個沒有聲音的黑白電影，西蒙還向我介紹了許多未聽說過的名詞：蒙太奇、好萊塢。我想，或許我已經過時了，許多我無法理解的東西不斷出現在我的眼前，但我相信，誠信是無法被時間帶走的，就像我們現在仍在唾棄那個背信棄義的巴比倫大祭司和宮廷詩人。

上帝給人們許多路以供選擇，而聖人會走哪條路？

愛你的父親

七

親愛的小約翰：

雖然前兩天剛寫了信給你，但是那天我無意中從你的一個朋友那裡聽說，你已經參加了匹茲堡的「認養一位老人」的活動，我一高興就又想給你寫信了。友善的舉動如此令人身心愉快，我不明白爲什麼很多人不做呢？很多人覺得幫助別人會讓自己尷尬，事實上，我們眞正應該感到尷尬的是：在別人需要幫助的時候卻沒有提供幫助。

這世界就是一面巨大的鏡子：你是什麼樣，它就照出什麼樣；如果你充滿愛意、充滿友善、樂於助人，那麼世界同樣展現給你愛意、友善、樂於助人。耶誕節已悄然而至，這是我最鍾愛的節日。在這個短短的假期裡，我們清點一下自己的鈔票，不去考慮經濟是否受損，而是盤算能夠給予別人多少。這是一個要讓別人開心的季節，並在他們的幸福中找到自己的快樂。這是多麼簡單的事情，可又多麼容易被人無視。

我已經清楚了掙錢和花錢之間的密切關係，早在二十歲時我就爲自己一生的財務收支制定了計畫，關於掙錢、花費還有捐助，我清楚記得這個財務計畫（如果我能這樣稱呼它的話）是在何時形成的。那是在俄亥俄州參加一位年長而可敬的牧師主持的禮拜上。他在布道中說：「要去掙錢，光明磊落地掙，然後明智地花出去。」我把這句話記在一本小本子上。

這句話與約翰．衛斯理的名言不謀而合：「『能掙錢者』和『能省錢者』若同時又是『能給予者』，便能獲得更多的神恩。」我想把賺到的錢用來行善，始終熱心地幫助他人，是唯一證明我金錢淸白的依據，既然上帝給了我看護這些財富的許可，那祂一定知道我會把這些錢更好的返還給社會。

約翰，給予是人類最美好的行爲之一，它有著神奇的力量，可以使一顆沉重的心變得溫暖和幸福起來。眞正的給予，不論是金錢、時間、關心或是其他，都能讓我們敞開心靈，使給予者生活充實，使接受者感覺溫暖，使某種新鮮的東西從原本荒蕪的大地上生長出來。

要眞正明白並且牢牢記住這個道理並非易事。我們本能地把生活建立在獲取的基礎上，把不斷積累看作保護自己和家人的方式。漸漸地，我們就會在周圍築起壁壘，使給予變成了一種交易——給予別人就會對自己造成損失——所以，即使是微不足道的付出，也要首先衡量自身的利益。

即使敞開了心靈，我們還是在尋求別人的注目和稱讚，因爲心靈期待給予後獲得表揚，而不是單純的爲他人服務的喜悅。我們成了自身利益的囚徒，看不到眞正的成長和幸福實際上可以透過我們一直抵制的東西獲得。衝破這種束縛的唯一途徑，就是對別人不計回報地付出。

其實，給予也是一種創造的行爲。當你給予別人時，也會感到自己煥然一新。兩個剛剛還在爲一己私利苦惱的人，突然走到一起共同解決問題，溫暖和快樂就會產生。他們的善行創造了小小的奇蹟，好像整個世界都擴展了。

千萬不要低估這種奇蹟的力量。太多人只想做大事，想成爲聖母德蕾莎或阿爾伯特．施韋策，甚至聖誕老人。他們沒想過只要輕輕地開啟心靈，我們就隨時可以對任何人慷慨給予。

親身去體會吧。試著做一件小事：向從未被大家注意過的人問聲好；拜訪你的鄰居，主動提議幫他整理草坪；看到別人的車胎壞了，停下來幫忙；或者再擴大一些範圍，買一束鮮花送去養老院。

你會逐漸明白什麼叫做奇蹟。你會看到卸去鎧甲的心靈，眞誠愉快的笑容，你會發現前所未有的人格的力量，理解人所共有的品格，而不是那些將我們隔開的東西。你會發現付出關心和熱情只是舉手之勞，卻可以從中輕易獲得幸福與快樂。你將看到我們有能力開啟他人心靈的善良之門。

最重要的是，你還可以在這個過程中發現許多志同道合的人。不論你在哪裡，或是外出旅行，不管你是否聽懂對方的語言，是否知道對方的姓名，你們都能走到一起。因爲你們能認出對方，會從那些小小的善舉中認出彼此。你會成爲善良人中的一員，相互信任，相互依存，並勇於揭示人性中最柔軟的一面。

一旦成爲奉獻者，你將永遠不會孤獨。

不知你是否注意到了，那些幫助了別人的人，在遇到困難時，一定會有人出來幫助他。善行會帶動善行，善良總是吸引善良，這是世界上最強大的連鎖反應。我們每天都有能力去做一些善事，不必到遠處去尋找需要幫助的人。可能隔壁就有這樣的人，只需要一句安慰的話或者一個很小的舉動就可以幫助他們度過一天。

但是，回報並非會像故事中所描述的那麼富有戲劇性並贏得公衆的崇拜。對善行的回報，應該是一種平靜的心靈感受：你做了可以讓你變得更好的事情，這使你更像自己。在我看來，如果期望做了好事就得到公衆的回報，會有損於這一行爲的眞實性。

我們這個時代的無名英雄是那些爲了社會進步而無私奉獻的人。每一次你收到非洲馬利的那個女孩——你透過美國收養兒童計畫領養的女兒——的來信，我能在你臉上看到幸福的光彩。

最高尚的行爲是在個人條件最艱苦的時候做出的。換句話說，在我們最需要安慰的時候去安慰別人，在自己痛苦的時候去減輕別人的痛苦，或者在我們幾乎不能負擔的時候仍然堅持給予，這才是最難能可貴的。

正如十九世紀的詩人菲力浦．詹姆士．貝力所說：「行動能證明我們的存在，而不是時間。」所以，繼續向世界奉獻你的愛心吧，也希望美好的事情能夠以愛心回報的方式回報給你。

愛你的父親

八

親愛的小約翰：

上次回家，你因爲我不同意你投資新計畫而賭氣走了，所以我覺得我們有必要溝通一下。

你的兩個朋友——懷特和查理——想讓你同他們合夥投資一項新產業，你認爲這是一宗賺錢的大買賣。在此，我以一名老實業家的觀點向你說明投資一項新產業並不是如你想像的那麼簡單，必須充分評估合夥經營可能出現的種種情況，我希望你能夠愼重審視這一投機事業。

我知道懷特和查理，他們既是你的大學同學，又跟你是一個棒球隊的，對吧？他們想和你一起投資大型的建材設備，據說利潤相當驚人。約翰，你有投資的頭腦是很好的，但是在投資前一定要選擇好目標，你不覺得投資大型的建材設備離我們的行業太遠了嗎？俗話說：「隔行如隔山。」我們從沒有涉足過這一行業，貿然投資是不是有點太冒險了？

約翰，信任你的夥伴是沒有錯的，但你有沒有想過他們爲什麼找你合夥呢，而且還只有你們三個人？事情並非那麼簡單，我推測，他們之所以把你拉去合夥投資，似乎只是因爲你經常與我在一起。如果是這樣就很容易知道，他們只是希望爲自己的新事業找個金援，期待著把我們的利益分流到他們那裡。

我並不是認爲合夥經營沒有好處，但是必須先弄明白什麼是合作。合作是所有組合式的開始，這一過程必須具備三個要素：專心、合作、協調。只是簡單地把人組織起來，並不能保證獲得成功。在一個優秀的組織中，每一個人都要提供這個團體其他成員所沒有的才能。

好的合作夥伴是成功的一半，沒有什麼比錯誤的夥伴更糟，最佳拍檔的價值等同於黃金的重量。不過，有時候恐懼會阻止我們尋找最佳拍檔，因爲許多人擔心與別人分享利益、決策權，以及隨著計畫或生意的擴展而帶來的特權，恐懼自然就不能允許我們去做這種事。但組合一對黃金拍檔更符合我們的利益，所以我們要克服這種恐懼。

判定一個合作夥伴是否適合，要考慮幾個重要因素。如果合夥人都在做相同的事，那麼其中一個人就會比另外一個人更辛苦也更投入，這個人就會因此憎恨另一個人拖後腿，而被拉著走的那一方也會憎恨這個人的催促，這樣一來，他們怎麼能算是最佳拍檔呢？例如，兩位辯護律師聯合成立法律事務所，到了年底，他們自己卻沒從合夥關係上得到什麼好處，畢竟，他們的工作能力是相同的。但是，如果一位辯護律師與一位公司律師合夥，到年底的時候人們就會說：「感謝老天給了我一個合夥人——要是沒有他，我眞不知道該怎麼辦。」

透過這個例子，可以知道比較理想的模式是，每個夥伴都能提供不同的專業技術和貢獻。比如，一個擅長細節的計畫，另一個擅長促銷和公開演講；一個擅長推銷，另一個擅長內部機制的管理和品質監督。好的拍檔就好比天作之合的姻緣——必須小心挑選。如果我們能夠眞正做到結合正確的技術、工作理論和視野，我們就可以得到一對最佳拍檔。

幾乎在所有的商業範圍內，都需要以下三種人才——採購員、銷售員以及熟悉財務的人。這三種人經過協調後，將透過合作的方式，獲得個人所無法擁有的強大力量。

許多商業活動之所以失敗，是因爲他們只擁有清一色的銷售人才、財務人才或採購人才。你認爲你們是最佳拍檔嗎？還有，你預備在這項事業中充當什麼角色呢？

你只是持股人，爲他們提供資金，只是一個旁觀者的身分。他們使用你的資金而你卻是一個旁觀者。約翰，你很淸楚，新從事的產業並非屬於我們熟悉的行業範圍，而你的朋友們同樣缺乏經驗，如果不借助經驗與鍛鍊，而只是本能地去設想產業經營的方法，你們可能會成爲天才。但我認爲這種可能性實在是太小了。

你想想看，你擁有同等的管理資格，然而卻僅僅是出錢，而懷特、查理一開始都會爲事業全身心投入。可是隨著時間的推移，你們中將有人在半路就失去興趣，這種現象是很普遍的。卽使是成功的時候也會如此，沒有避免的方法。一旦進展困難，他們每天就必須多花七、八個小時來工作，這種重負會把某些人的妻子壓垮，最終的景象將慘不忍睹。

「我們每天像牛一樣辛勤勞動，約翰這小子卻如此逍遙，每天花上兩小時掏出一百美元去享受午餐，這也太不公平了。」

「爲什麼非得加班不可呢？大夥不是都去玩了嗎？我掙的一美元有三分之二給了他人，我何苦爲了那三分之一的錢而折磨自己呢？」

於是對你的抱怨聲紛至沓來。「爲什麼那小子要從我們所掙的每一美元中抽走三分之一呢，他可是什麼事也沒做！」

人是很容易淡忘的，成立公司時你在資金方面的貢獻，並不會使他們永遠對你充滿感激，在經營者的腦海中，一直想著的是這樣的事實：「你爲我們的公司做了什麼？」

約翰，在合夥經營之前，你必須考慮淸楚費用、必要的犧牲，以及忍耐長時間乏味的工作，還要覺察到種種經營過程中遇到的困難。如果你下定決心要投入這項新的冒險產業，我期望你能夠取得成功。

通往成功的道路上有許多充滿誘惑的停車站，只有抵制住誘惑才能抵達成功的終點。

愛你的父親

九

親愛的小約翰：

也許你會覺得我的這種交流方式有些無聊、可笑，爲什麼不能當面說清楚，卻非要用信件這一間接的表達方式呢？我想你是無法理解的。

昨晚，當你說要向我借一千美元來度過這兩個月的時候，我眞的十分驚訝，作爲一個擁有上億資產的龐大公司下屬分公司的銷售經理，你操縱著公司的預算、財務報表與資金分配，身處要職，卻手頭拮据，這讓我很是意外，在我看來你還不至於一文不名吧，但你竟對我說「我手頭很緊」。我覺得有必要跟你談談如何管理好個人資金的問題。

作爲一個大公司的銷售經理，私人花銷比常人多是正常的，但我沒有想到的是你手頭會「緊」到要向父親借錢的地步。你已經具備了管理大企業的才華，怎麼就管理不好自己的錢包呢？你應感到一些羞愧，但也不要過度自責，畢竟你也不是唯一一個這樣的人。

我認識一類人，他們的年收入在三萬（約今日一百萬）美元左右，少的一萬（約今日三十三萬五千）美元，多的達五十萬（約今日一千六百七十四萬）美元，但無論賺了多少，卻總是感到手頭拮据，一年下來幾乎沒有積蓄。要知道，人可以賺很多錢，同樣也有多種途徑花掉這些錢。大肆花費的人都有一個通病，那就是在制定理財計畫時目光短淺。花錢對他們而言，從來就是漫無目的，因此收入再高也會處於「破產邊緣」。

許多人容易在扣除所得稅之前的薪資總額面前犯迷糊，要想避免這一錯誤，你就應該忘掉稅前的薪資，把意識集中於稅後的淨收入。把必要開支從月收入中扣除，剩下的部分才是可以自由支配的金錢。對這部分的錢有兩種處理方式：一是全部花掉，二是儲蓄一部分。一般來講，每月必有的開銷有房租、房貸、水電費、伙食費等，這些都是必要支出。如果你能夠劃分好自己的資金，也許就能做到用錢有度了。

你還要學會克制花錢的欲望。一旦發現自己沉迷於某些「欲望」，就要馬上根除刺激的來源，把物欲的話題轉到創意和新的想法上。在現代許多便利的消費方式中，有一種是值得詛咒的，那便是信用消費，它是導致衝動購物的原因，使人很容易犯下消費過剩的毛病，且次數會不斷增多。買方正是被人利用了這一購物衝動，所謂「信用消費」就是賣方勸誘我們不斷花錢，直到消費過剩爲止。

有一種方法可以預防過度消費，你不妨嘗試一下，即逛街的時候把一週之內可以使用的現金帶在身上，僅用現金維持日常消費。拿著現金去娛樂、購物，這其實也沒什麼不對的。與當今社會中動不動就將人不知不覺地引向破產的信用制度相比較，現金消費會使這種破產的可能性大大降低，這是不爭的事實。

作爲一個男人，你應避免爲打發時間而在商場閒逛。少看那些令人眼花撩亂的廣告，減少不必要的購物欲望，將心思放到一些更爲持久的事物上，同樣也會節省許多開支。

你現在總說支出太多而令你無比頭痛，但是如果問你的錢都花在了哪裡，相信你肯定會不記得，眞正的大筆支出必須作爲大問題加以重視。在商界的發展中，你是不折不扣的成功者，但是隨著事業的成功，一些不可避免的物質上的排場也會紛至沓來。

我看過一篇文章，內容是一位專家對當前一些成功者的消費的研究，我想你肯定能夠在其中找到自己的影子：三分之二的成功者擁有眞跡名畫；幾近半數的成功者擁有古董；百分之三十五的成功者擁有兩幢房子；十分之三的成功者至少擁有三部大小車輛；百分之十五的成功者在自家後院建有游泳池；百分之十三的成功者擁有一間遊戲房；十分之一的成功者擁有一艘私家遊艇；百分之二的成功者建有一個網球場；百分之一的成功者擁有室內球場。你符合其中的幾項呢？

我們對金錢、物質和成功三者之間的關係，必須有一個內在均衡的看法。大部分成就非凡的人都不認爲金錢是判定他們成功與否的重要標誌，高收入被視爲成功的副產品，並非成功的原因。你要牢記一點，財富並不是指你擁有多少錢，而是你賺的錢可以讓你過上什麼樣的生活。在你看來或許並沒有什麼差別，你認爲賺錢愈多就可以過很多人過不上的生活。但實際並非如此，你會發現賺得愈多消費也多，負擔就會愈重，這一點你應該深有體會。如果要擁有財富，第一件事就是要學會如何按照自己的意願去生活，也就是如何掌握你的開銷，若你賺五百美元花三百美元，會帶給你滿足感；但相反，如果你賺五百美元卻要花六百美元，那麼生活就會悲慘起來。我的意思是，當你開銷大於收入的時候，就表示你的生活將要出現麻煩了。

再來談談有關銀行戶頭的問題。存款主要有兩個用途：一是爲了支付無法預期的支出，比如家裡的冰箱因爲年久失修無法再使用；另一方面是支付那些需要按年支付的資金，諸如固定資產稅、所得稅的年末申報上繳部分、孩子的學費等較大的開支。因此爲了有備無患，應該計算出每個月應儲存多少錢，以支付每年的固定大額支出。爲此你必須老實攢錢，這些存款就是固定開支，你絕對不可以將其挪作他用。

你現在還年輕，可能還不習慣這一觀念，有些事也許可以等到以後再考慮。但我在你這麼年輕時，就決心進行投資房地產了。而現在，考慮老年生活的年輕人實在是不多了。他們在退休之後賣掉地產，遷移到容易整理、費用較少的公寓去，生活費的來源則靠賣房子所得金額的利息就可以了。那個時候，因爲孩子都已長大成人，家中所需的空間也不用太多。年老的人沒必要再爲房子掃雪，賦閒時敞開家門也不用擔心什麼，這確實是有先見之明，實在算是精細的資金計畫成果。

那爲何住宅是最好的投資呢？按照現行的稅制，房產跟其他的投資不同，購買房子時派生出的資本利潤無須納稅，它是第二種銀行戶頭，透過分期償還的貸款，或者透過物價上漲後產生的買入價與市場價之間的差異，它所帶來家庭的淨收入就會大幅上升。爲了比較得更清楚，最好調查一下必須納稅的投資的利潤率，扣除稅金一看，你會看到實際純利潤率小得如此可憐，這的確有著太大的不同。而且投資於房產，你還可以在你擁有它的時候充分地去享受它。其中的美不勝收與溫馨宜人，只有你身臨其境時才可以體會得到。

還有一點，我認爲在支出中很重要的一筆固定花費就是人壽保險。萬一你的生活脫離正軌時，你就知道人壽保險金的重要性了，這可以保證你的家人不需要靠救濟金生活。最好還要考慮一下培養孩子所需要的經費。這也是一大筆錢。即使你不在世，這筆錢也是必需的。

你現在管理著一個大公司，應該會計算必須支付的人壽保險金，最好像我一樣，選擇普通終身保險。你的開銷如果低於收入就能夠避免這些麻煩的債務問題，否則花錢就眞的會像流水一樣。

當前大部分年輕人，忍耐不了把錢放在銀行或家裡。他們常常用這些錢到南方去過一個溫暖的冬季，買兩輛新款汽車，週末去豪華的餐廳享受美食——否則就會覺得不開心。他們像上了毒癮一樣，周密地制定這些奢侈的財務計畫，卻不知道這是多麼錯誤的理財方法。

如果你想財富源源不斷，就要學會管理它們，雖然控制開銷不能讓你短期暴富，但它所建構的是你未來的財富，確保你能夠更好地照顧家人，使你遠離債務的煩惱，如此肯定就會積累出能夠創造更多財富的資產，同時你也可以去細細品味生活的樂趣。

許多人認爲命運早已被上帝安排好，誰也無法改變，這是錯的！命運是由自己控制的，你每天的生活，只有你才有能力改變它。人們常常會後悔，因爲想要更多的金錢，以爲這樣就能夠隨心所欲，得到幸福，事實卻恰恰相反。

作爲你的父親，我沒有權力調查你用錢的途徑，我也永遠不會那麼做。如果你向我借錢，就需要提供相應的保證，一千美元按每年百分之二十的利息借給你，按每週五十美元預先從薪資中扣除，我已經把這個意思明確地寫了下來，希望你能夠簽字認可。或許你會說我過於嚴厲，但是爲付清「預想不到的花費」而借款，恐怕這樣的條件還不夠吧。

愛你的父親

十

親愛的小約翰：

我的孩子，得知你在股市上虧錢了，我也很痛惜，當然不是爲錢，而是你的態度。你說被一個名叫詹姆斯．基恩的著名股票交易商騙了。然而，這只是一個藉口。我不會指責你，也不會喋喋不休地教導你以後該怎樣做。我的典型作風是：眞正的教訓就在於我什麼也不說，什麼也不做。

你找藉口開脫的行爲讓我很不高興，你是否意識到你總會出一些細節上的錯誤，並總是找藉口推脫。你習慣用藉口掩飾自己犯的錯，並常常爲成功推脫責任而暗自得意。但是，洛克斐勒家族的觀念不是帶著藉口去工作。在洛克斐勒家族，我接受的觀念是，優秀的人沒有藉口。男子漢在失敗時要勇於承擔責任，努力找到完成任務的方法。

你要對自己誠實，找出犯錯的眞正根源，並想辦法改正它。有了過失就要承認並改正，然後加以彌補，想方設法使別人相信你的藉口是自欺欺人的行爲，結果只會讓你很尷尬。一個人犯了錯不要緊，就怕犯了錯誤還不承認，這是最不可原諒的事情。一個人在面臨挑戰時，總能給未實現的目標找出無數理由。但是找出錯誤的原因才是最重要的事。

生活中常常會遇到這樣的人，明明在某件事情上犯了嚴重的錯誤，可是爲了推卸責任，他往往要用自以爲雄辯的口才進行一番狡辯，試圖從責任圈中逃脫出來，將所有的責任都歸罪於他人或其他客觀原因。這樣的人，也許會有那麼一兩次成功地爲自己開脫了責任，可是正是由於這一兩次的成功，便使他更加認爲自己的能耐很大，於是他們的膽子愈來愈大，錯誤也隨著膽子的增大而增多，於是他們便一次又一次地尋找理由爲自己開脫，直到有一天再也無法開脫，墜入無底的深淵，從此萬劫不復。

安東尼，是一位長期在公司底層掙扎、時刻面臨著失業危險的中年員工，有一次他來到我的辦公室，他講話時神情激昂，抱怨他的上司不給他機會。

「你爲什麼不親自去爭取呢？」我問他。

「我也想過去爭取，但我不認爲那是一種機會。」他依然義憤塡膺。

「能告訴我是怎麼回事嗎？」

「前些日子，公司派我去海外營業部，但是我的年紀大了，怎麼能經受如此折騰呢？」

「爲什麼你會認爲這是一種折騰，而不是一個機會呢？」

「難道你看不出來嗎？公司本部有衆多職位，卻讓我去那麼遠的地方。我有心臟病，這一點所有人都知道。」

我無法確認是否所有人都知道這位先生有心臟病，如果有，我眞希望他肝火不要那麼旺，我更傾向於認爲他犯了一種嚴重的職業病：找藉口開脫自己。

那些抱怨缺乏機會的人，往往是在爲失敗尋找藉口。成功者不需要編織任何藉口，因爲他們能爲自己的行爲和目標負責，也能享受自己努力的成果。藉口總是在人們的耳旁竊竊私語，告訴自己因爲某種原因不能做某事，久而久之我們甚至會潛意識地認爲這是「理智的聲音」。假如你也有此類情況，那麼請你做一個實驗，每當你使用「理由」一詞時，請用「藉口」來替代它，也許你會發現自己再也無法心安理得了。

其實爲自己開脫的最好辦法，就是盡可能不犯錯。可是一旦犯了錯，也不要想方設法地掩飾，不妨老實承認。愈是掩飾自己的錯誤，錯誤反而會愈明顯，這就是所謂的欲蓋彌彰。而當你老實承認了錯誤的時候，你就會發現別人並沒有因爲這個錯誤而輕視你，相反，大家會對你的誠實表示讚賞。

總是尋找藉口開脫自己的行爲，是耍小聰明的行爲，這種耍小聰明註定不會耍得長久。因而我建議你，無論在什麼情況之下，還是誠實一些的好。

有些人在被要求的時候，往往習慣用生病當藉口。你生病的日子似乎總是安排在假期附近，你的「生病」總讓人有一種巧合的感覺。我建議這些人不要濫用病假，還是多考慮缺席給其他人帶來的影響。要誠實，需要放假應從實申報，或者在自己的假期中扣除，如果你確實大病不宜工作，那麼應該盡早通知上司。要避免無病裝病，更不要把生病作爲藉口。

生病對於很多人來說，是很好的休假理由，儘管誰都不願意自己生病。尤其是那些不願意工作的人，往往會藉口生病了，獲得一兩天可以逃避工作的時間，這樣的事，我想幾乎每一個人都碰到過。

任何一個部門，對生了病的人都不會有太嚴厲的要求，因而以生病爲藉口獲得休息的機會，對許多人來說自然也就成了首選。如果只是爲了獲得休息的時間而謊報生病，那就太不值了。你可能欺騙了上司一時，但若以此爲習慣，你的一生就會在不知不覺中染上了一種怪病。你要知道，如果你謊稱自己生了病，就必然要爲這個謊言找到證據，這樣一來，本來沒有病的你，卻成了眞正的病人，一個心理病人。

如果你是一個清醒的人，應該知道生理上的病並不可怕，可怕的是一旦它在你的身上潛伏，那麼這一生都將無法獲得解脫，從而不自覺地受它控制。想想看，如果到了這種地步，你不覺得可怕嗎？

所以，我勸你不要總以生病爲藉口，如果想休息，最好還是走點正路。一個老是說自己有病的人，就算是健康的，最終也會損害自己的身體，久而久之就會成爲眞正的病人。當然，如果你眞的希望自己是一個病人，那就另當別論了。

如果你是這樣喜歡找藉口的人，那麼，我勸你最好還是自我反省一番。改掉這個惡習，開始努力工作吧！對待工作要有誠實的工作態度，不要帶著藉口去工作。除了藉口，你給予什麼，就得到什麼；除了藉口，你送出什麼，就拿回什麼；除了藉口，你播種什麼，就收穫什麼。我們給予得愈多，得到的回報也愈多。

愛你的父親

十一

親愛的小約翰：

最近聽說，你跟巴特總裁之間有些不愉快，你還賭氣說我們不需要華爾街的支援。你錯了，孩子。公司目前來說可能不需要額外的流動資金，可是你知道嗎？資金對我們來說太重要了。信譽是商人的生命，講信用的人處處可以得到銀行的資助，而不講信用的人，銀行連一毛錢都不會給他。

當年我爲了籌建自己的公司四處籌錢，但是沒有一家銀行願意借給我這樣一個沒有擔保的年輕人，他們認爲這太冒險了。當我正爲此苦惱時，你的祖父告訴我，他爲每一個年滿二十一歲的孩子準備了一千美元，這筆錢我可以提前拿到。「不過，約翰，」在我喜出望外之時，他又說，「利息是百分之十。」

但我對你祖父瞭若指掌，他並不是因爲想要得到高額利息，才借錢給我的。也許有的人會替我喊冤，納悶我爲什麼會接受如此刻薄的條件？但是在當時，我太了解克利夫蘭的借貸形勢了，雖然我的爲人值得信賴，但我的手上缺少籌碼，這就表明我是一個沒有身價的人。對於這樣的人，如果他找不到一個有錢有勢的人爲他做擔保，沒有人會願意把錢借給他的。在克利夫蘭肯爲我擔保的人太少了，你祖父就是其中一個，那麼我何苦捨近求遠呢？倒不如直接向他借錢來得痛快。而且以我對自己父親的了解，他最多是向我玩弄一下他那些過度的老謀深算，反正向他借錢又不需要擔保，我何樂而不爲？

資金到位後，一切就緒，公司開始運轉了。新公司的生意出奇的好，我們都樂壞了。過了沒多久，老問題又出現了——我們還是需要大量資金。我不得不再次求助於銀行。

那段時間，我辛苦地奔波於銀行和私人金融家之間，這些行動沒有白費，我得到了第一筆來自外界的貸款，是由一位名叫漢迪的和藹仁慈的老銀行家借給我的，對方同意用倉庫收據作爲附屬抵押物。

拿到這筆二千美元的貸款後，我走在街上彷彿騰雲駕霧一般。「想想吧，」我在心裡說，「銀行居然借給了我二千美元！我覺得自己頓時有了身價。」漢迪讓我發誓，決不用這筆錢去做投機生意，我感覺到，自己在克利夫蘭金融界結識了第二位對我影響匪淺的良師益友。嚴肅正派的漢迪除了是一家銀行的總裁之外，還擔任一所教會學校的校長，他是從以撒·林伊特那裡打聽到我的品行和生活習慣的。

我意識到，一個人是否值得信任取決於他日常的行爲表現。而我在伊利大街浸信會教堂裡的重要地位，則使我博得了各家銀行的青睞。如此看來，在商業貿易中，信譽絕對是最重要的因素。

我記得曾有一段時間，由於公司缺少足夠的火車廂來裝運麵粉、穀物和豬肉，這不僅是現在而且也是以後困擾我們的問題，於是我就經常纏著一位鐵路官員求他幫忙，弄得這位官員忍無可忍，指著我厲聲說道：「小夥子，你要明白，我不是替你跑腿的！」

而與此同時，我們公司最好的客戶逼我違反傳統的商業慣例，在拿到提貨單之前就把貨交給他。我沒有答應，但又不想失掉這個客戶。結果他朝我大發雷霆，到頭來我還得再丟一回臉，向合夥人承認我沒留住那個客戶。直到最近我才得知，那人不講理的做法，原來是當地一家銀行設下的陷阱，想考驗一下這個年輕人能否經得起誘惑，堅持一貫的原則。現在看來，我應該已經在克利夫蘭樹立了守信用的好名聲，這個名聲比任何有錢人或官員的擔保都更有價值。

後來，我成了俄亥俄州銀行的董事。這對我來說並不意味著什麼，因為我幾乎沒有時間去討好那些古板守舊的銀行董事們，也沒有精力把那些社交上的繁文縟節放在心上。我一開始還是參加董事會議的，幾個上了年紀的紳士一本正經地圍坐在桌子旁熱烈地討論由於用新型金庫鎖而引發的問題。這本身沒什麼不對的，可我還有很多事務要處理，實在沒工夫去開那種會。

但我必須承認的是，成爲銀行董事可以使我更輕易地獲得所需資金，而不必像以前那樣，以求人的姿態請求銀行批准我的貸款。要知道，爲發展中的工商企業謀求資金是一件多麼困難的事，難得超乎想像。如果我曾經淪落到幾乎卑躬屈膝的地步，那就一定是因爲我要向銀行家申貸。起初，我們不得不求助於銀行——幾乎是跪著去的——爲我們提供資金和貸款。在和銀行打交道時，我總是在謹愼與冒險之間徘徊，我常常在上床時擔心如何償還龐大的貸款，醒來後又來了精神，又去借更多的錢。

南北戰爭之後發行了新的綠色紙幣，建立了全國性的銀行系統，大量發放貸款來刺激戰後經濟的發展。我在很大程度上就是靠貸款支撐的，我在漢迪和其他克利夫蘭銀行家那裡得到了巨額貸款，我在他們眼中是十分有前途的青年企業家，他們很信任我。我要讓他們知道我是一個正在崛起的新星，使他們覺得藐視我只會自食惡果。

一天，我去找一位名叫威廉·奧提斯的銀行家，此人曾同意給予我最大限額的貸款。這一回，銀行的部分董事表示擔憂：洛克斐勒是不是又來說貸款的事？「我在任何時候都很樂意展示我的償還能力，」我回答道，「下個星期我需要更多的錢，我可以把企業交給你們銀行，但我很快就有一個重要的投資需要進行。」

於是，我取得了他們的信任並與之建立了良好的合作關係。在當時的環境下，要想成功得到貸款，必須懂得如何去安撫這些神經緊張的債主。基本做法之一，就是借錢時從不顯得過於急切。我記得這樣一件事情：一天，我一邊在街上走著一邊琢磨如何借到一萬五千美元應急，當地一位銀行家把馬車停在我身邊，出乎意料地問道：「你想不想借五萬塊錢，洛克斐勒先生？」我當時眞想馬上答應，幾乎抑制不住興奮想跳起來了，但我還是穩住自己，反覆打量了對方的臉之後慢條斯理地說：「您能給我一天時間考慮一下嗎？」我認爲，正是這種淡定的態度，才使他以最有利於我的條件達成了借款協定。

取得信任的最好方法是完善自己的性格，我對這點很有自信，特別是在浸信會派企業家當中。此外，還有一些東西是必須堅持的，那是讓銀行家對我深信不疑的東西，換句話說，我的做人原則讓我獲得了信任。例如，我在陳述事實時堅持講眞話，討論問題時從不捏造或含糊其詞，而且只要我有錢我就會迅速還清貸款。

不得不承認，在我創業之初，銀行家不知有多少次把我從危機中解救出來。有一回，由於我的一個煉油廠失火，還沒有獲得保險公司的賠償，一家銀行的董事們在是否給我追加貸款的問題上猶豫不決。

這時，銀行的斯蒂爾曼·維特董事挺身相助，讓一個職員拿他的保險箱過來，把手一揮說道：「聽著，先生們，這些年輕人都是好樣的。如果他們想借更多的錢，我要求本銀行毫不猶豫地借給他們。如果你們想更保險一點，就用這個來擔保吧。」

我由衷感謝斯蒂爾曼·維特先生的幫助，他的行爲使我得到了更多信任和支援。感謝上帝，讓我一次又一次地度過難關。

每一次投入戰鬥，都必須有雄厚的資金支持才行，否則是不會成功的。我努力保證手中總是擁有足夠的備用金，單憑那無比雄厚的資金，我就可以在許多競爭中取得勝利。我還淸楚地記得我有一次在危急之中得到銀行的鼎力相助，迅速買下一家煉油廠的經過：

那時需要好幾十萬——而且要現金，證券行不通。我大約是在中午時分得到的消息，還得趕上三點那班火車。我跑了一家又一家的銀行，請求我第一個見到的人——不管是總裁還是出納——能弄到多少就爲我準備多少，告訴他們過一會兒就來提錢。我跑遍了城裡所有的銀行，接著又跑第二圈去挨家取錢，一直跑到弄到足夠的數目爲止。我帶著這筆錢上了三點的火車，做成了那筆買賣。

這件事讓我更深刻地明白，要在緊急的關頭處理好問題，必須在平時與各大銀行保持長期的信任關係。

愛你的父親

十二

親愛的小約翰：

你現在一定很苦惱，在高級經理人研修班與工作之間做出選擇很難。事實上，選擇都是很難的。每當我面臨選擇時，我就對自己說，不管怎麼樣，下一個五年還是會過去。這句話以神奇的方式使我做出了明智的舉措——選擇行動。但是，如果不是在做或不做之間，而是在做這些還是做那些之間做出選擇，那該怎麼辦呢？當我意識到如果繳付上學的學費，我就得花掉我長期存下來買睡椅的錢時，我就遇到了這樣的問題。

「如果無法抉擇，那就兩者都做。」一個朋友對這種情況說了一句似非而是的妙語。當我問他是去新英格蘭還是去賓夕法尼亞欣賞秋景時，他就用這句話回答了我，當時這回答使我感到莫名其妙。但當我們拿出地圖一看，發現從俄亥俄州往北去新英格蘭，然後經賓夕法尼亞繞回來是完全可行的，而且一路都是在萬紫千紅的花叢中旅行。

我很喜歡這句話，並且喜歡照著這句話去做。去鄉下度週末，還是應邀參加城裡星期日的午餐會呢？當兩者都定不下來時，兩者都做。去鄉下，但早些回來。我是繼續進修，還是工作呢？繼續上學，同時也工作。這句格言的深刻含義在於：它提醒我們，在大多數情況下，我們可以把兩種選擇都付諸實踐，也就是說要選擇行動。這樣遠比只選擇一種而放棄另一種要好。

約翰，你有時是否覺得毫無選擇餘地？其實這是無稽之談，你總是會有選擇的。你只不過是認為你可以做的只有一件事——這件事幾乎總是別人想做的。當你覺得束手無策時，就換一個不同的角度來看問題。

你可以再三思考，卻很難精確預測到你所做出的任何決定的結局：這一切都是不可預料的。當你從事一項偉大而艱巨的工作時，有些事情看起來幾乎不可能完成。但如果你一點一點地去做，突然就發現這項工作已經完成了。

冒極大風險做出決定而又持之以恆的那些成功者，是怎麼做的呢？最有說服力的是他們向自己提出的問題：可能發生的最壞情況是什麼？當我問你的阿里漢叔叔怎麼有勇氣離開他在紐約市一家公司中萬人矚目的職位，而到新罕布夏州經營自己的小生意時，他的回答是：「我希望做自己的生意。」

那麼，可能發生的最壞情況是什麼呢？我可能失敗，可能傾家蕩產。如果我傾家蕩產，可能發生的最壞事情又會是什麼呢？我不得不找份工作糊口。那麼，此時可能發生的最壞事情是什麼呢？我又會厭惡這種工作，因爲我不喜歡受雇於別人，於是，我會再去找一條路子來經營自己的生意。然後呢？我將會獲得成功，因爲我知道如何避免失敗了。

對生活負責，就要尊重自己的意志。一個八十歲的朋友爲住在家裡還是進療養院的問題思慮再三。他的年齡是事實，他每況愈下的健康也是事實。權衡這些事實，選擇安全的療養院，該是多麼明智。然而令人稱絕的是，他沒有理會這些事實，而是留在了家裡，一直到現在。他已經八十六歲了，並不需要朋友們的幫助，他自如應付著一切，過著愉快而獨立的生活。

另一個老朋友做出了相反的選擇，他說：「我累了，需要別人的照顧了。」他的要求得到了滿足，他被放在床上供養起來，被挪來挪去，他現在對此厭惡極了。因此，做出選擇時一定要慎重——你可能會自食惡果的。

艱難的選擇，如同艱苦的實踐，會使你全力以赴，會使你更有力量。也許隨波逐流是輕鬆的，尤其在面臨一個相對困難的選擇時，它可能是很有誘惑力的。但有一天回首往事，你可能意識到：隨波逐流雖然也是一種選擇——但絕不是最好的一種。

你的生活不是試跑，它不會給你準備的時間。生活就是生活，不要讓生活因你的不負責任而白白流逝。記住，歲月最終都會過去，只有做出正確的選擇，你才有資格說你活過。你必須獨立思考，並付諸行動。即便做出的決定未能如願以償，但採取行動能夠增加成功的可能性；而什麼也不做只會增加下一次又要再面臨選擇的可能性，到時候你肯定又要隨波逐流了。

不要把今天的事情推到明天，當天的工作一定要當天完成，並爭取完成明天的工作。如果想要衝破難關，現在就去做！如果現在不做，就永遠不會有進步。現在不行動的，就永遠都不會有行動。沒有什麼事情比下定決心、開始行動更有效果。

愛默生說：「沒有任何想法比這個念頭更有力量，那就是——時候到了。」就我的看法而言，全能的上帝不會無緣無故地賦予你希望、夢想、野心或創意，除非你行動的時機已到。

大多數人只能庸庸碌碌過一生。並不是因爲他們懶惰、愚笨或習慣做錯事；大多數人不成功的原因在於他們沒有做對事情。他們不曉得成功和失敗的區別，想要成功的頭條守則就是：開始行動，向目標前進！而第二條守則是：每天持續行動，不斷前進！

不要去等待奇蹟來幫助你完成夢想。今天就開始行動！對肥胖的人來說，每天散散步不是多麼困難的事，但是一旦付諸行動後，堅持下來就是一件大成就，何況，散步的確會讓你的體重明顯下降。除非開始行動，否則你是不會達到目標的。今日很快就會變成昨日，如果不想悔恨，就趕快行動。行動是消除焦慮的妙方。行動派的人從來不知道煩惱爲何物，此刻就是行動的最佳時刻。

如果總是認爲應該在一切就緒後再行動，那你永遠成不了大事。有機會不去行動，就永遠不能創造有意義的人生，人生不在於有什麼，而在於做什麼。身體力行總是勝過高談闊論，經驗是知識加上行動的成果。若想欣賞遠山的美景，至少得爬上山頂。上帝給了你大麥，但烤成麵包就得靠你自己。生命中的每個行動，都是日後扣人心弦的回憶。能者默默耕耘，無能者光說不練。

現在就可以開始行動，朝著理想大步邁進。行動的步驟應該有哪些？把它們一一列出來，然後，逐項實行。今天馬上行動！明天也不能懈怠！當你要擴展銷售業績，你的行動項目就應該包括增加拜訪客戶的次數。如果你只拜訪了幾個客戶，那你就應該再多拜訪幾個，設定目標，並且遵守它。

如果你需要接受特殊的職業教育訓練，那麼就馬上報名參加，繳學費、買書、上課，並認眞做功課；如果想學油畫，就先找到適合你的老師，購買需要的畫具，然後練習作畫；如果想要旅行，現在就開始安排行程，著手規畫。

空談是沒有意義的，行動決定一切；一百句空話抵不上一個實際行動。無論你有什麼難關，今天都要開始行動，並且堅持不懈。

約翰，今天就是行動的絕佳日子。

愛你的父親

十三

親愛的小約翰：

今天上午，從克羅希爾那裡聽說你受哈佛之邀，爲學生做有關你在校期間的實踐報告，我打心底爲你高興，不過恐怕你還沒有爲完成這個充滿榮譽的任務做任何準備。

我寫信給你，就是想要談談關於演講的注意事項。當衆演講不僅需要勇氣，更需要說話的技巧；只有先說服別人，才能把你的意願轉化爲行動。我記得你在演講時總是會莫名地緊張，一個「失敗的演講者」的稱謂恐怕不會爲你帶來什麼好處，還會產生許多負面效應，因此我用經驗告訴你如何才能成爲可以「掌握蠱惑人心的演說技巧」的演講者。

爲了使你放鬆下來，我先說幾件事。首先，根據最近的調查，使美國人最害怕的，不是死亡、自然災害或者中情局調查，而是在公衆面前演說，我對此只是稍微有點吃驚，我能理解這種感受。我年輕時，就像一朵害羞的野花，在社交場合當衆講話對我來說就像是受酷刑一般，面對一大群人發言比上絞刑架還要痛苦。

談一下我第一次演說的故事吧。當時我緊張得不得了，以至於不得不閉著眼睛講話。現在想來當時的情景眞是太可笑了，而那時我一直希望聽衆們能夠悄悄離去。等我講完了睜開眼睛一看，我如願以償了——只有一位聽衆還沒有走掉。他長著一副學生模樣，愁眉苦臉地坐在那裡。我希望能在這次大難後找到點安慰，於是我問他爲什麼沒有走，他皺著眉頭回答說：「我是下一個演講者。」

後來我親自找來總統競選的錄影帶，由此得到許多經驗。我看到一個候選人只是淺嘗輒止地引用了幾個資料來論證他的觀點，而另一個人則鉅細靡遺的引用了各種資料來說明問題，結果他失敗了，民衆並不在意資料的詳細程度。但是在第二輪辯論中，這位候選人克服了第一次所犯的錯誤，他沒讓自己陷進細枝末節的網羅中，結果他獲得了好評。

演說不是口頭考試，演講人不是要在講臺上證明他懂得高深的財務數字，演說的目的是爲了影響聽衆。千萬不能說：「去年我們推銷了一百七十二萬五千三百四十一件產品。」我現在只會這樣說：「我們的銷售量超過了一百五十萬。」我不會說出每次成長的確切百分比，我僅會聲明：「去年的銷量穩步上升。」準確的資料和日期只是奇妙的修飾，但最好留在年度報告裡說，因此讀報告的人可以在有空時仔細推敲這些資料。事業正在蓬勃發展的事實才是「馬鈴薯燉牛肉」，才是聽衆愛吃的一道主菜。

頻繁看演講稿也是一個十分致命的錯誤。有一次，我應邀去大學演講。演講後，我請教了在座一位朋友的看法，使我很驚訝的是，他記得我演講中的每一個動作，我問他是不是在開玩笑，他回答說：「不，我覺得任何人都不會忘記你有一頭漂亮的濃髮，你給了我們足夠的時間去欣賞它。首先看到你的髮線，然後，每隔一分鐘左右你會讓我們看一眼你可愛的頭頂，就差沒讓我們看你的後腦勺了。或許你還應該在談話中轉一兩次身，讓我們從每一個角度欣賞一下你的秀髮。這次演講很有效果，我一直在想：爲你理髮的人是誰？」我聽後很驚訝，我並不是想讓人們欣賞我的頭髮，頻繁低頭看演講稿使聽衆們分了神。我詢問了其他一些人的看法，他們認爲這樣的行爲顯得我沒有熟練掌握演講的內容。

演講時掌握好時間也很重要，有兩次演講我發言的時間明顯超過了人們忍耐的極限。第一次演講的對象是高中一年級新生，在我講完後，他們一個個看起來都老得可以畢業了。第二次是面向耶魯俱樂部的部分成員，這些紳士最年輕的也有七十五歲。我剛講了一半，就注意到不少腦袋垂了下來，屋子裡充滿了平穩的鼾聲。就算他們不講，我也知道他們想要告訴我些什麼。

由於受到這兩次經驗的教訓，我做了自我測驗，得出的結論是：緊張是我首先要克服的問題。既然極度緊張，害怕面對大量聽衆，我覺得需要想出一種與他們打交道的辦法。我注意到，在一對一的交談中我沒有絲毫問題。因此我想，如果不再把聽衆看成是一群姓名不詳的「烏合之衆」，我或許會覺得舒服些。

於是我把他們具體化，把一群人看作友好的個人，一個曾經邀請我到他家客廳裡閒談的人。我還會設想出這位朋友的精神面貌，在每一個例子中把他的長相特殊化。如果聽眾坐的地方很暗，我就把他擱在中間；如果我能看清我的聽衆，我會從他們之中挑出一個富有同情心的面孔來，把他想像成朋友的面孔。這樣把演講當成是與老朋友的交談，演講就會變得更親切和輕鬆了。這種辦法使我不再感覺是在對一群黑壓壓的人群講話，緊張感也就消失了。

講話囉嗦是我要克服的第二個問題。檢查了頭兩次的演講稿，我發現它們過於詳細了。演講中羅列過多事實，會使最擅長此道的人也陷入困境。有時我乾脆不用演講稿也不去背演說詞。我會擬出一份大綱並記住要闡述的要點，一旦覺得走了題就看看大綱。我就像與某人交談似的發表我的演說。

如果我要求你十五分鐘後到我辦公室裡來談談你對發展潤滑油事業的

想法，也許你會帶著一份準備好的稿子來見我。但實際上你應該整理一下思路，保證不漏要點，即席表達出來。不要讓談話聽起來像是從磁片裡放出來似的乾澀無趣，而應該讓人覺得像是經過一番考慮後，有聲有色地說出來的，這會讓人感到你在這一問題上具有權威。進一步來說，如果打破了機械演說的桎梏，就會圍繞著主題有話可說，而不會因爲緊張而忘了詞。

如果在演說中做到百分之九十九的自如，就不用考慮控制時間的問題。除非被限制在很短時間內，那就需要長話短說了；另一方面，如果有充裕的時間，就應該讓那裡的組織者知道如果你的發言很簡短，他們必須來補充，不要東拉西扯些沒用的。如果負責人不許你這樣做，你也不用害怕，按計畫演說就好了。

我學著使演講短小精悍而且從不亂用幽默故事，除非這故事能說明問題；我還學著不在演講中引用太滑稽的典故，因爲這樣做會中途打斷我的演說，讓我沒法再講下去。還有一點特別要加以防範，那就是即使你的演講內容非常灰暗，也要讓你的聽衆覺得並沒有失去希望，要以樂觀主義者的情緒結束演講。

我說的這些故事與經驗，或許聽上去並不那麼有用，但我認爲這至少會對你的演講產生一定的積極作用，我希望能夠看到你熱情高漲的演講。

愛你的父親

十四

親愛的小約翰：

聽你的妻子說，你最近一連四個星期都很晚回家，你在分析公司的一項沒有得到充分實施的顧客服務專案，策畫改善計畫的方法，準備調查報告，因此每天工作到很晚。我知道這關係到公司的生存，是極其重要的調查。你的工作熱情值得肯定，但不知你是否眞正弄清了自己的職責。

事實上，公司的其他管理者也與你一樣愈來愈忙，常常從早忙到晚，節假日也不休息。然而，他們的責任心似乎愈來愈差，缺乏工作熱情，造成整體工作效率低下。你沒有察覺到其中的問題嗎？你是不是做了許多部下該做的事情？你不是戰士，而是元帥，應該學會領導而不是管理，應該給部下發展的空間，讓其縱橫馳騁。這就是如何進行有效授權的問題，也是擺在衆多領導者面前的一個難題。

約翰，不知我多少次被問到這樣的問題：「怎麼才能同時經營幾家公司，還能讓自己擁有兩個月的休假，開著家用小車去享受大自然的樂趣呢？」我的回答總是同樣一句話：「要學會把日常的業務委託給非常能幹的管理人員。」

大概你會說這個回答過於簡單。經營者把自己的工作委託給他人，訓練部下，使其提高工作能力，這種現象是非常少見的。爲什麼人們不願意把工作委託給部下呢？這對我來說是個謎。是不信任他們，還是覺得員工愚蠢，還是害怕別人工作做得比自己好？大概後者是主要原因。「因爲他大概比自己還能幹」，所以就失去了將工作託付給他人的勇氣。

根據這一情況，我不得不下這樣的結論：一個不能把工作委託給部下或不想委託給部下的經理，肯定是對自己的能力存有質疑。我們的公司如果有這樣的經理，就是失職。有這樣的管理者，事業的基礎就會受到腐蝕。

領導者應該抓住每個機會給予別人鼓勵，對他們加以提拔重用。一個人能給予別人的最珍貴的禮物就是溫柔的鼓勵，生命中沒有比分享快樂更快樂的事。透過對管理者的工作盤點，我們可發現，主管百分之八十的工作都是可以授權給別人的，他只需處理事關公司存亡的百分之二十的工作即可，具體包括：企業戰略決策、重要目標下達、人事的獎懲權、發展和培養部屬等。其他可以授權的百分之八十的工作主要有：日常事務性工作、具體業務性工作、專業技術性工作、可以代表其身分出席的工作、一般客戶接待等等。因此，管理者在授權時，必須對自己的職位職責有一個明確劃分，按照責任大小把工作分類排列，自己只做最重要的工作就行了，其他的都可以授權。

需要著重說明的是：無論授權到何種程度，有一種東西你永遠不能放下，那就是責任。如果管理者把責任都下放，那只能說他是退位而不是授權。主管常犯的錯誤就是：他以爲在授權的同時也把責任和權力一起交給部下，當部下無法完成任務時，他就會追究部下責任。授權只能意味著責任的加大，不僅對自己，更要對部下的工作績效負全部責任。

其實，這些管理理論你都懂，你不願意讓祕書幫你寫工作報告，你覺得這很耽誤時間，所以你決定自己寫。這也是我想和你說的問題，寫重要報告的時候，爲了愼重起見，要確認五個階段的程序。首先，目的的設定——這份報告要弄清楚的是哪一點；其次，爲了得出與目的吻合的結論需要什麼樣的情報，該怎樣調查和選擇？接著，蒐集必要的情報；再來，爲了能正確分析，應系統地整理已有的資料；最後，對所得結論的最後分析。

高明的職權委任的第一原則，是對部下的能力、野心和欲望進行細緻的評價。如果你給他機會，他所取得的優秀成績會讓你大吃一驚，並且在接受新任務的那一天，他一定會信心十足。工作上最令人高興的不是加薪，而是能力得到重視。當你知道得到任務的部下工作得很出色時，你也會分外喜悅的。

如果把重要的工作交給部下，你就應該給予指點。爲了使堅強的有能力的管理人員和忠實可靠的部下合爲一體，必須對其分享你的經驗。在實業界獲得巨大成功的人，常常是極其優秀的導師。優秀的導師就是要支援和鼓勵學生，耐心地引導學生的潛在能力。

決定人選，完成訓練計畫之後，就把一部分工作交給他們去做吧。能否成功，關鍵在於新分配的任務的管理系統能否合理。如果你希望能夠了解工作的進展程度，就要與下屬建立有效的聯繫方式。最重要的是你要有信心，相信他們能完成新的任務，而你的新任務就是支持他們，使他們能夠克服困難。

約翰，你的工作只是爲最優秀的人才提供最合適的機遇而已。交流思想、分配資源，然後放手讓他們去做——這就是你工作的實質。「管理愈少」就是「管理愈好」。或者反過來說也一樣，「管理愈好」就是「管理愈少」。這是一種境界，是一種依託企業謀略、企業文化而建立的至高的經營平臺。

要「管得少」，又要「管得住」，就必須進行合理的委任與授權。事必躬親導致的結果，一是效率低下，二是使員工失去了工作的積極性。因此必須使公司成員有充分發揮能力的平臺，在必要的指導和監督下，你要信任他們，賦予部下相應的權力，鼓勵他們獨立完成工作。

建立公司或某個部門，就像建金字塔一樣。你是頂部的石塊，你的下面能夠有多少層堅實基石，就看你選擇、訓練、依賴、監督，或者晉升部下的能力了。許多經理都不理解這一點，生怕提拔部下後自己的地位受到威脅，這是最令人遺憾的。你的情況怎樣我不知道，但是我對自己的金字塔的基石是很有把握的，晚上可以安心地睡覺。

大約在西元前二千六百年，埃及的斯尼夫魯王真正建起了第一座金字塔。然而，建造更完美的金字塔——吉薩大金字塔的是他的繼承者胡夫。希望你繼續建設屬於你的金字塔，並像胡夫王那樣，把它建成一個理想的金字塔。

愛你的父親

十五

親愛的小約翰：

你對我的突然來訪似乎很吃驚，這可以說是我的突發奇想，於是我穿上多年未穿的工作服，來到許久未去的公司，或許這只是我無意識的行爲，結果卻令我不甚滿意。

我剛走進大廈時，得到了許多老員工的問候，這讓我感到很親切，我又習慣性地來到了你的辦公室，由於沒有得到事先通知，你顯得很驚訝。

你問了我對公司的感覺，我想，你的成績還是比較讓我滿意的，至少工作井井有條，與我在這裡時沒什麼兩樣。然而，當我詢問維奇的情況時，你告訴我維奇辭職了，這讓我很詫異，要知道把一個職員培養到能夠上任工作，得花費多少資金啊！你怎麼能輕易地讓他辭職呢？職務不同費用也各有多寡。因此，爲了最大限度地提高經營效率，必須將離職率保持在最低水準。若是不斷辭退剛剛訓練完畢的職員，那麼單是訓練職員這一項就會占去公司的大部分利益。因而爲部下創造一個良好的氣氛，也是必要條件之一。

根據你所說的情況，可以看出你是他辭職的主要原因，由於你的每一個方案都會遭到他的反對，你無法忍受這樣的部下，於是你們發生了爭吵，兩天後維奇便遞交了辭職信。這使我很自然地想起這句話：人生的信條不僅僅是「互相原諒」，還應該是「互相理解」；小小的善意超過對所有人的熱愛，不原諒別人就等於斷送了自己的路。

維奇已經在我們公司工作了十三年，他忠於職守，勤勞能幹，這誰都不會懷疑。當然，他有時也會有稍微出格的行爲，但相比他的優點這並不算什麼，我通常也不會理會。而你居然評價他是「一條暗藏的毒蛇，準備隨時隨地乘人不備時咬上一口」，這讓我不敢苟同。

在我管理銷售部門時，他的性格方面就有點古怪，但卻是一個十分稱職的職員。難道就是因爲他的怪脾氣，導致你們反目爲仇？我也曾擔心他的脾氣會影響工作，於是，我對他的脾氣進行了認眞的調查，並因此對周圍產生了一些看法，發現了一個饒有趣味的現象。宇宙雖然廣漠，卻不存在兩個人想法完全相同的現象。我們不僅外表不同，想法也各異，這件事說明了造物主的造物技巧是何等卓越。然而，我們卻總是無視這種差異。

千萬要記住，不管是否喜歡他的個性，不管他的性格是乖戾、孤僻還是順從、柔和，要把注意力集中到他的工作業績和工作態度上。一個職員一天一次、兩次還是一千次擤鼻涕都不成問題，只要不給他人造成麻煩、令人不快。古怪的脾氣不應該成爲辭退他的理由。

我們每個人身上都存在不少各式各樣的古怪癖好。卽使如此，我們每天還是要肩並肩、協調工作，組建龐大的產業集團。當我們覺得他人的性格古怪時，一般只是看法或想法不同罷了，只是由於他們的人生觀、生活觀與自己不一樣罷了。

因此，切忌用自己的尺規衡量員工，我們只要不去接觸職工的內在癖好，不把它們當回事，就能夠組建成功的經營集團。如果領導者不這樣做，集團就無法成立。要知道完美無缺的職員是不存在的，人都有瑕疵。

如果好好研究一下維奇先生辭職的理由，將會對你以後的用人方法大有益處。據你所說，他那出格的脾氣似乎怎麼都不能讓你稱心如意。要知道我們是一個企業，個性是比智力更崇高的。日本一位企業家說過這樣一句話：「一個沒有任何個性的人，只能做出一般的產品。只有在工作中發揮個性，才能有新的點子，找出新的方向。」維奇在我們公司工作了十三年，這期間沒有一位職員向我反映過對他的不滿，這一事實應該敦促你不斷反省。

不過，確實也有那麼一些人，他們總是與人搞對立，處處貽誤公司的工作，責備他們時，他們又變成了刺蝟，一腳踩上去，只會讓人們痛苦不堪。但維奇不是這樣的人，你還沒有眞正了解一個企業家的用人心態，這種心態歸結起來有以下四點。

首先，企業家只有確立「公司裡沒有不稱職的人」的人才觀，才能做到人盡其才。每一個人都是構成公司的重要的磚瓦，只是位置不同罷了。只有在思想、情感上把員工看作人才，才能在行動中正確地運用他們。

其次，企業家在選拔、使用人才時，只有樹立公正、民主的心態，才能凝聚人才。員工是寶貴的資源，不應將他們跟青磚紅瓦、泥灰等建築材料相同對待，也不可把他們當作機械一樣對待。

再次，企業家在用人上只有具備「看人長處、容忍短處」的寬宏心態，才能調動人的全部積極性。人格上雖然一律平等，但特質方面卻各不相同，這是宇宙的眞理。

最後，企業家還要有勇於任用仇人的心態。身爲領導者，必須不受細節或感情的束縛，凡事包容。如此，才能招攬到各種人才，如果能將人才放到合適的位置上，那麼功效就更大了。企業家在用人上還要有感恩的心態，才可以選出能夠把才能完全貢獻給公司的人才。

優秀的企業領導，能夠把每個下屬所擅長的方面有機地組織起來，從而給企業的發展帶來整體效應。換句話說，高明的領導者會趨利避害，用人之長，避人之短。如此一來，則人人可用，企業興旺，無往而不利！

一個人總是優缺點並存的，用人就要用其長而避其短處。對待偏才，更應當捨棄他的不足之處。

我不想干預你的事業，單是對於這些企業家的哲學，約翰，你還是欠缺得太多啊！

愛你的父親

十六

親愛的小約翰：

約翰，謝謝你來聖瑪麗醫院探望我，不過你看起來心事重重；也謝謝你對我的信任，把當前遇到的一些麻煩全部告訴了我。這是每個領導者都會遇到的難題。你的得力幹將古里特遞交了辭職信，你不明白爲何會失去像他這麼可貴的管理人員。況且兩個月前布盧斯剛走，這就更加令你擔憂。你覺得很有必要調查清楚他們離去的原因。

不必爲此著急，根據我的經驗，員工離職主要有以下幾種情況：有的人是爲了改變生活環境而換工作；有的人是性格不穩，不能一直待在一個地方；還有很多人是爲了追求理想的工作職位而成了「爲觀念所強迫的人」。這些人不管去哪個公司都是來了就走的「候鳥」，對於公司來說，他們是時間和金錢的極大浪費者。

約翰，與員工相處需要高超的技巧，若想做好管理者，需要處理好許多微妙的關係。你作爲公司的負責人必須掌握職員跳槽的原因。在此基礎上，盡可能消除公司裡跳槽的動機，這樣才能挽留住踏實可信的部下和營造良好的工作環境。你要積極支持職員的成長，完善他們的工作環境，提高他們的薪酬待遇。如果他們知道你爲他們所做的努力，他們就會在打算跳槽時有所猶豫。

依我看，在工作中沒有充實感，對報酬、上司等產生不滿，這些常常成爲員工跳槽的主要原因。如果做了一天的工作，卻沒有充實感，他們就會對第二天的工作失去興趣和熱情。優秀的管理人員要學會觀察，更要勤於觀察，以免部下之間擴散不安定心態、厭倦感和不滿情緒。最近接連出現的辭職現象，原因很可能在於你的管理不力，沒有做到切實關心員工利益。

許多身居高位者常常忽視與下屬溝通思想。你應該每隔幾個月就徵求一下部下的意見，問問他們對你平時的工作是否有不滿意的地方，讓他們具體談談在哪些方面有待改進。許多優秀人才還沒等到說出自己的意見便走了。

早年我爲別人工作時，部門的一位老職員對我說，他的工作過於緊張，似乎做不下去了，並遞交了辭職信。他認爲與其被解雇，不如自己辭職更好一些。幸虧我及時了解情況，知道他完全是誤解了自己的工作。他感到擔負的責任過於重大。我詳細講述了對他工作的具體要求，讓他放鬆地投入工作，不要有太大壓力。談話結束後，原本愁容滿面的他，已是信心滿懷了，我作爲上司也放下了心。因爲我的及時挽留，使得他現在成爲那家公司最優秀的職員之一。

大多數年輕人，尤其是銷售部門的人，都有一種向著目標邁進的頑強個性，如果看不到晉升的希望，他們馬上就會有換工作的想法。因此，你要定期觀察這些人的需求，及早發現並解決他們的要求，或許你一句鼓勵的話或小小的支持就能夠消除他們的不滿。

有一部分年輕人得知同事、朋友升職就暈頭轉向。他們也許會認爲自己沒有出色的表現，一定是因爲工作不適合自己，公司不適合自己。如果事實並不是他們所想的那種情況，你必須設法告訴他們：技術知識、熱情、努力以及誠心一定會得到回報的，但是自己在平時一定要打好基礎，在機遇到來之時就不會與之失之交臂，只有這樣，一切才能按照他們所預想或希望的那樣得到回報。

如何防範人才流失，並將人員流動率控制在最低範圍內，是管理者的重要目標。你想挽留重要員工，單單依靠工資、獎金是不夠的。你要留住的是他們的心。那麼，怎樣才能做到呢？

首先，你要以公平的利益吸引他們。公司的薪酬水準決定了公司留住員工的能力。薪酬的影響，不僅取決於由行業平均工資、公司經營狀況和員工業績決定的報酬的絕對數量，也取決於報酬的相對數量和員工的公平滿意度。因此，公司應以業績論英雄，按貢獻定報酬，以競爭促效益。

其次，你要給員工搭建一個展示自己的舞臺。無論才能高低，員工們沒有不希望施展才華的，你應該從內心深處尊重、愛惜人才，創造一個人盡其才的環境。英國卡德伯里爵士認爲：「眞正的領導者會鼓勵下屬發揮他們的才能，並且不斷進步。失敗的管理者不給下屬以決策的權力，奴役別人，不讓別人有出頭的機會。這個差別很簡單：好的領導者讓人成長，壞的領導者阻礙他們的成長；好的領導者服務他們的下屬，壞的領導者則奴役他們的下屬。」管理者應該學會以積極的態度看待失敗，允許員工犯錯。

最後，你還要給普通員工成長的機會。優秀的領導者對每個員工都照顧得當。把普通員工當作優秀員工對待，重視每個員工的成長與發展，那麼普通員工也能創造出與優秀員工同樣的業績。員工的成長也就是公司的成長。

許多公司之所以能夠吸引人才爭相加入，是因爲它們有完善的員工培養計畫，有助於員工提高自身素質和就業能力。如果管理者給予員工表現的機會，使他們脫穎而出，並隨公司一同成長，那麼離職現象就不再是困擾公司的難題了。

莎士比亞會寫道：「我們知道自己是什麼，但不知道自己今後會成爲什麼。」你很有必要了解團隊裡的每個成員，和他們談心，詳細了解他們的計畫。作爲公司的管理層，雖然不可能指望全體優秀部下一輩子支持你，但是如果能夠常常關心他們的利益、雄心和幸福，我想應該是可以把大多數人留在你身邊的。希望你能領會這一點。

有些人以爲，換個環境或工作，他們就會快樂，但這個想法是令人懷疑的。事實上，你對別人做的最好的事，就是與他分享你的財富。

愛你的父親

十七

親愛的小約翰：

約翰，首先我要恭喜你被同行推薦爲商會會長。你眞算得上是年輕有爲的典範。但你卻認爲自己太年輕，害怕擔此重任。

你怎麼會有這種想法呢？這應當是一件值得慶賀的事情啊！僅僅三十二歲的你，就受到廣大會員的擁戴，你應該感到榮幸之至。我像你這麼年輕的時候，恐怕還是個沒人注意的毛頭小子呢。你眞不應該這樣自卑，更不應在重任面前膽怯退避。歷史表明，要想成爲顯赫一時的領導者，必須經歷無數次的艱難險阻，要具備從不氣餒的精神。

同行既然推選你爲會長，肯定是認爲你具備做會長的條件，否則便不會去推選你，所以自卑是完全沒有必要的，要知道年齡不是擔當重任的最大障礙。農場裡的孩子在證明他能做大人的工作時，他就成了大人，這跟他過了幾次生日沒有關係，這對任何人都是適用的，當這個人證明他可以做好會長的工作，自然會變得老練。

因此，即使前任要年長數倍，也不意味著年輕的接任者不能成爲才華出衆的領導人，其實許多前任只是同行出於好意推選出來的，在他們的任期中，本行業因這個人陷入不利之境的事情，也屢見不鮮，因此後繼者不必爲歲數擔心，應該充分擁有自信，學會去用感人的領導藝術駕馭商會。根據我多年的經驗，我認爲一個優秀的領導者首先應該學會感人。感人就是以自己的氣質、思想、形象和行爲來感染、感動、感召他人；感人是一種影響力，透過這種影響力來改變對方的思想和行爲，使他人爲完成共同的目標做出努力。

感人是一種既高尚又微妙的領導藝術，是一個團體在事業上賴以繼續、發展，乃至興旺發達的心理紐帶和精神動力。你所應做的就是充分擁有自信，學會運用感人的領導藝術統御商會。具體到做法中，應當遵循以下三個原則。

首先，領導者要以不同凡響的氣度和外表形象感人。領導者要善於塑造形象，這包括本人的氣質和外表的美感。比如從衣著打扮到言談舉止，都要給人以良好的直觀感受。你應當顯示出在社交活動中特有的熱情而不失禮節；幽默而不失瀟灑；敏捷而不失坦率；果斷而不失謹愼；自信而不失謙虛。具有了這些，就能進一步贏得他人對你的好感，才有益於組織的經營和發展。

其次，領導者要以高尚的人格感召他人。人格是指領導者的思想品格和道德情操，是一種更深層次的心靈寫照。領導者要有忠厚誠懇、坦率仁愛之心，他要愛人、尊重人、信任人，才能感動他人。假使領導者缺乏高尚的人格，那麼組織的內部就難以形成向心力，最後只會成爲一盤散沙。因此，人格感召對凝聚人才十分有利，這是組織成功的重要前提。

再次，領導者要以實幹精神和以身作則感人。領導者不應該官僚化，應該是實幹家，他首先是一名實際工作的推動者，而不是一名只會去發號施令、以領導別人爲樂趣的官僚。實幹、身先士卒能加深與別人的感情，這就是榜樣的感召力，這種力量是必需的。人們常說有些人天生就具備領導的天分，的確如此，但如果決心接受這一職位，切不可忘記，透過學習而成爲成功領導人的也不在少數。正如人們透過求學成爲會計師、醫師、律師，或者印第安酋長一樣。

當然，以上所說的理論只是一種總結，好在你已經做過幾年經理。你不必考慮過多。就我而言，各個領域都是相通的，你的領導能力不應受到侷限。如果你想從人際交往中得到眞實的情感體驗，就應當在領導商會的過程中，使自己的聰慧、自信、領導能力，以及善待員工的良好特質形成一種吸引人的光芒。處理好人際關係，這光芒便會使你周圍的人產生一種向心力。

你在經辦大事時需要親力親爲嗎？有些事需要你盡量如此，做好決斷，不應把屬於自己的職務交給特別委員會的委員長。在充分理解難題的基礎上，任何意見與決定都必須蓋上你的裁決大印。這樣一來，也就無須與他人的意見相左。

領導者要以善於承擔風險的經營風格感人。這是領導者有力量、有膽識的表現，同時這種風格也是感染部下和員工的領導藝術。一個優秀的領頭人當以身作則，樹立榜樣，帶領大家前進，只有這樣才能使整個集體運作起來，你才會被人視爲領導。卽使你只讓掌舵手休息五分鐘，其他人就會紛紛效仿，而在你沒有覺察之前，問題就開始堆積如山，並且走向無望之海，崩潰、墜落。因此，一定要從自身開始，然後要求全體有關人員，拿出聰明才智，做出最大限度的努力。

約翰，不必擔心你的年輕，年輕絕不是負擔，除非年輕人自己這麼認爲。許多人覺得他們被年輕拖累了。的確，如果有人怕自己的職位受到威脅，他可能會用「年齡」或其他理由來阻擋你的升級。

但那些實力派的人物決不會這樣做。他們會把他們認爲你能承擔的責任，盡量放手交給你。這時你就要積極發揮才能，證實「年輕」是一項有利的籌碼。

出色的領導能力，始於跟他人進行思想上的溝通。必須保持或者說締結親密的關係，人們才會關心領導者付出的努力。而這個領導者有必要擇優選出那些能給你添加新穎想法的人員，他們甚至能夠思考出付諸實施的方法。

而以上所說的核心，正是那看不見的東西，但我們卻又不得不去面對。如果能處理好人際關係，就會使周圍的人形成向心力，而力量的中心便是領導者的決策能力。

領導者必須勇猛果敢地站在同輩的前列，這才是領導人的風範。制定計畫的時候，一定要考慮隊伍中誰最適合擔任責任人，不可草率認爲這件事可以分配給托爾，那樁事可以由彼得去辦，那種事可以叫喬治做。如果沒有大家的齊心合力、衆志成城，任何人都無法開創偉業。

約翰，相信自己，你一定會成爲一位偉大的商業領袖。

愛你的父親

十八

親愛的小約翰：

結束勞累的商業旅行回到家裡，感覺很舒服。我喜歡遊覽世界，但是沒有任何地方比「家，甜蜜的家」更能吸引我。我總是回到家裡稍作休息後就開始給你寫信，以了解在我離開的這段時間裡公司的情況，當接到你收購賽姆斯石油公司的提案時，我意識到重大的事件發生了。這是你第一次向我提出這麼冒險的建議，我很想知道你究竟是怎麼打算的。

無疑，收購一家公司是振奮人心的喜事。但是在歷經艱辛後，我懂得要萬分認眞地對待每一次獲取，就像人在經過雷區時要小心翼翼，否則你就會遭受到大創傷。人應該用全部熱情去追求他所需要的東西，但擁有太多是不可能的。只有一塊表的人知道時間是多少，而擁有兩塊表的人卻永遠不能確定。

你所給出的收購理由似乎都圍繞著這件事：這將使我們成爲石油業最大的公司之一。這當然是一個很好的目標，也是我始終追求的。但是，確定目標是一回事，鋪設正確的、能夠引領我們到達這一目標的道路則是另一回事。

我注意到你在計畫中僅僅把投入大量資金作爲實現目的的唯一手段，這似乎缺乏對相關成本的估計，只是很有限地考慮了要收購的公司同我們業務的匹配程度，並沒有考慮到它需要什麼樣的管理，也沒有考察其產品的市場競爭力，而且根本就沒有回答這個問題：那家公司的所有者想要把它賣給什麼樣的人？這讓我懷疑你的資金才是他們最大的動機。你是否對於逐年穩步增長、有計畫地把我們的公司發展成爲市場上最強大的公司的計畫失去了耐心，而想在一夜之間擴大規模？

你還沒有完成我剛才提到的問題，所以我們的銀行經理和我一樣，無法對你的計畫書做進一步的研究。他不能同意你所提交的計畫，因爲那將花費大量資金。被銀行經理拒絕通常會使我們很惱火，他們總像權威的上帝一樣對我們的計畫書發表評論。不止一次，當我被銀行經理拒絕後，總會感覺自己很愚蠢。但是，當我冷靜下來，認識到被拒的原因是因爲自己沒有正確評估問題，或是忽視了對一些重要因素的分析，我這才眞正感受到了自己的愚蠢。這也使我進入了下一個階段：尊重並重視銀行經理的經驗和建議。

我想你現在肯定也像我年輕的時候一樣，一想到銀行經理拒絕了你的想法，就會很苦惱。所以，當我聽說你隨後就帶著自己的計畫書，找到了另一個銀行經理後，我一點也不奇怪。銀行間的相互競爭能給予我們支援，這種發現是正確的，但是爲盲目的惱怒、假想的侮辱和受到打擊的自負尋找理由則是不正確的。如果你在這種情況下意氣用事，我們就會得到兩個最不滿意的結果：一次失敗的收購；和我有十年資金交易的銀行經理從此疏遠了我們。所以，我們還是應該冷靜一下，退一步來重新審視這個計畫。

不可否認，你購買這家公司的計畫具有可取之處，但是任何評估都應該建立在冷靜的邏輯分析上；要仔細、實際地評估前面提到的那些不同方面，以及那家公司與我們目前的運作是否相匹配。

你很清楚，擴大經營的風險。有很多不幸的人，他們本來建立了很好的企業，卻最終失去了它，其原因就是他們在這一過程中讓情緒受到自負和貪婪的指引，甚至超越了理性的思考。他們通常由於感情用事而解雇優秀員工，與供應商發生爭執，不恰當地提升員工，在新領域中投資失敗，放棄難以應付的客戶，這些都是由情緒導致的商業失誤。如果我爲每一個由百分之九十的情緒因素加上百分之十冷靜的商業行爲打賭，我將是城裡最富有的人。

有時候，將情緒排除於商業決策之外是一件很困難的事，但是我們必須有意識地抵制住這種情緒，特別是在決策的時候，要快速行動但不要採取危險的解決方式。先問問自己：「這有商業價値嗎？我這麼做是不是爲了情感上的滿足？」當你不再需要問自己這些問題的時候，你就成了一個理性的管理者。

透過經驗的積累，你會知道許多不斷發生的重大事件，它們會使你的情緒在進行決策的時候忽高忽低。把情緒波動控制在一定的範圍內，將會顯著增加成功的機會。

我建議你現在就到辦公桌前，以實事求是的態度深入分析你的收購計畫，然後你可能會想再次拜訪我們的銀行經理。這些努力是否會使我們最終以合理的價格購買這家公司？我想，你得小心你的情緒會隨著這麼愉快的事情而衝動起來。

愛你的父親

十九

親愛的小約翰：

你最近因與股東意見不合而苦惱，這種情況我也經常遇到。不同的人就有不同的意見，這是考驗領導能力的時候，你可千萬不能退縮。一個人如果和同伴步調不一致，也許是因爲他聽到了不一樣的鼓點，就讓他跟著自己的音樂走吧，不管這音樂有什麼樣的韻律，或是多麼的遙遠。

的確，由於公司結構的錯綜複雜，合夥人之間是否團結協作就顯得尤爲重要。我當時對標準石油公司的所有權也沒有超過三分之一，因此我也很需要與別人合作。在創建了如此龐大的石油帝國後，我一直不斷提醒自己，必須與企業融爲一體，所以我不喜歡說「我」，除非是開玩笑，在談到標準石油公司時我更喜歡用「我們」。不要說我應該做這做那，要說我們應該做什麼。千萬別忘了我們是合作夥伴，無論做什麼事都是爲了共同利益。

要想維繫公司的團結統一，首先要學會管理不同的助手，調動他們的積極性，而這一點，我認爲自己做得還不錯。截至目前我所取得的成功，很大原因在於我信賴別人並能使別人也信賴我。比如拿破崙，如果沒有手下那些優秀將帥，他是不可能獲得輝煌勝利的。

企業管理也是一樣。我做事絕對不會獨斷專橫，總是盡量把職權交給手下，自己只是在適當的時候以平和的態度小小過問一下，而不會讓下屬感到他們的工作受到干涉。與強制性的決策相比，我更願意以潛移默化的方式來把意志傳達給公司上下，尤其在開會時，我常常感受到我有這樣一種作用：我愈不說話愈有威信。我也就經常運用這種逆反作用，也藉此不必受一些瑣碎小事的干擾。

其次，我極其重視公司內部的和諧，常常在爭執不下的部門主管之間進行調解。我總是不多說話，盡量聽完大家的意見，才會表達自己的看法，並經常做出折中的方案以維護團結。我總是謹慎地將自己的決定，以建議或提問的方式表達出來——從早年起卽是如此。我每天都與你的威廉叔叔以及哈克尼斯、弗拉格勒和佩思等人邊吃午飯邊討論問題。儘管公司不斷擴大，我仍然會在爭取了大家的統一意見後才行事，絕對不在董事會成員反對的情況下採取重大行動。

也正是由於徵得了所有人的同意，所以標準石油公司很少有重大失誤。我們在行動之前一定要確保正確無誤，並事先安排好對付各種情況的應急準備。當然，難免也會有意見不一致的時候，雖然我和查理斯．普拉特、亨利．羅傑斯或者其他什麼人不時會有爭執發生，但是我可以驕傲地說公司絕沒有氣急敗壞的紛爭和上下級之間的嫉妒，而這兩者通常都是由巨大的權力引起的。我一直強調，董事們——那些由公司紐帶綁在一起的昔日的對手——是出於一種近乎神祕的信仰走到一起來的。

在我看來，董事們對彼此的信任說明了他們團結一心，同時證明他們道德高尚——心術不正的傢伙不可能像標準石油的人那樣團結得如此長久。領導權的連續性使那些愛四處窺探的記者和政府調查人員無功而返，他們是不可能從控制著這個石油帝國的志同道合者的堅固陣營中找到突破口的。

當然，重視團結並不意味著排斥反對意見。事實上，我更喜歡那些直言不諱，敢於指出問題的同事，討厭那些浮華虛偽、只會拍馬屁的軟骨頭。只要人們提的意見不是出於個人利益，即便逆耳，我也樂於接受。如果沒有這種胸襟和氣魄，我們也不可能取得今日的成績。

儘管面臨諸多法律障礙，我們仍然可以將眾多公司融合到一起。透過我們的努力，一個原本笨拙無比的機構變成了有效工具。標準石油公司在工業規畫和大規模生產方面處於領先地位。近幾年來，我們這個信託組織在提高煤油品質、開發副產品、削減包裝和運輸成本，以及全球分銷石油製品方面取得了令人矚目的成績。

因此，誰也不能否認我們在企業管理和體制建立上取得的非凡成績。我對此深感自豪，這其中畢竟有我不可忽視甚至可以說功不可沒的付出和辛苦。當然，我不會刻意流露這些，但人們也很清楚我在公司的影響力。當我的同事們忙於購買豪華住宅和歐洲藝術品的時候，我卻不以爲然，我要把錢用到更有意義的地方。只要有董事肯賣股票，我都樂於購買，說一句玩笑話，有時候我簡直成了他們的垃圾桶了。這使得我持有的股份數目多到無人可比，自然也爲我在發表意見時增加了力度。

雖然持股數目巨大，但我絕不會得意忘形，我想更重要的還是我的個人魅力對同事及下屬產生的巨大作用。我平常待人從不過分親熱，也不粗暴魯莽，更不會輕浮無禮，我磨練自己擁有政治家般的鎮靜。在級別較低的員工面前我也注意舉止得體、態度平易近人，聽他們發牢騷也不發怒。每個員工每年都有一次面見執行委員會的機會，爲自己爭取加薪。在這種場合，我總是盡量做得令人愉快。如果羅傑斯生硬地說他已經聽夠了，拒絕給他們加薪時，我會勸他：「噢，給他一次機會吧。」

最後，我想，我還是一個堅持到底、絕不半途而廢的人，我常常會試著解決那些遠遠超出自身能力的問題。面對問題，我會深思熟慮，一旦想好就會採取行動，堅決執行。誰也不能阻攔我把堅定的信念作爲目標，像箭一樣射出去。因爲我相信，上帝助我，我一定會達到目標！

孩子，我相信你一定會比我做得好。一個人的力量是有限的，但你可以做個領導者帶領一批人共同致富。努力吧，你肯定會成爲卓越的商界領袖。

愛你的父親

二十

親愛的小約翰：

上次你來我這裡吃晚飯時，向我提出賣掉德克薩斯煉油廠的想法，原因是不能讓一家小小的、沒有效率的企業拖公司後腿，我當時並沒有表態，因爲我不想打擊你的魄力，如果你仔細想想，就會發現這種做法確有不妥之處。在我看來，正在虧損的企業是很難賣掉的，而且度過這次難關以後，德克薩斯煉油廠極有希望在很短的時間內重新獲利。何況管理多種企業是很好的保險，即使出現了經營不善，其他企業也可以施以援手，但如果只有一家企業，那麼就前途未卜了。而德克薩斯煉油廠由於設備特殊，具有壟斷地位。說句不好聽的話，即使收益下降了，公司不動產的資產價值也是很大的。

約翰，以下是我在做出重大決定時的思路——你永遠不會後悔聽到這些：三思而後行；先聽後判斷；誠實經商；思先於言；捍衛自己的信條；淨化自己的思想。我的經營哲學的基石一直是「不要把所有的雞蛋放在一個籃子裡」。當有投資其他相關產業的機會時，我會馬上思考兩點：其一，爲嘗試新產業準備的資金是否充足？其二，我們可否確保擁有爲實行這一經營所需的必要的、能幹的、富有經驗的人才？後者是遵照這一原則的，即公司應是以人爲中心而建立的，而不是以公司爲中心將人召集在一起。如果這兩個問題出現了肯定的答案，接下來我就會考慮銷售、流通、競爭，以及其他常識性問題。所以，我總喜歡把資金化整爲零，向各方面進行投資。在擁有公司的同時，向不同的方面投資，使之不受同一個風險要素的影響和支配。

記得我在事業發展初期會爲每週破產的公司數目所震驚，從而告誡自己要開展綜合經營。事業持續發展得愈長久，多種經營的進程就推進得愈快。我自以爲比誰都忠實於這一鐵律，因爲現在我擁有的不是一家公司，而是多家不同的公司。也許有人會這樣認爲：如果我只停留在最初的公司上，只爲促使它的成長而努力，從整體上而言，將比我們現今的事業發展得更爲波瀾壯闊。但是我從不這樣認爲。我喜歡綜合經營多家公司所帶來的安全性。卽使一家公司失敗，靠其他的公司也足可保證家族生活，也就是這麼一種放心感。

我受綜合經營的吸引，理由有二。首先，由於我過去一貧如洗，爲了不再重蹈覆轍，自然產生了一種保守思想，有備於最初事業的失敗，而擁有第二種事業，就成爲一種合理的想法。其次，僅僅經營一家公司，一天只用得上兩三個小時，不僅不到我所期望的十個小時，連八個小時都達不到。由於我的工作大部分都是重複進行的，所以我開始聘用很多能幹的人才，投入其他的事業。

由於新產業與已有產業具有共性，所以我並不覺得是在進行賭博。這與橫向的擴展、縱向的擴展均沒有關係，其基本原理就是：「新的鞋子都有試穿一下的必要。」

在較爲熟悉的領域中投資，是獲得經濟保證的基本原則。但必須注意絕不可在一個較狹窄的領域裡投下全部財產。世界經濟在不斷變化，卽使是最有希望的賭博有時也會以慘敗告終。本世紀七〇年代，任何人都想擁有沙烏地阿拉伯油田的權利，原油眼看要升上一桶七十五美元，然而在那之後的今天，原油價格卽使不算上通貨膨脹，一桶也只有十五美元。

常見的錯誤是看到別人的成功，就以爲自己也會成功。一心以爲自己與其他人一樣聰明，常常會釀成經濟上的慘敗。飛奔撲入一個新的領域，被等待已久的大鱷們吞噬一空的例子實在是太多了。

因此，我認爲從其他幾個公司調撥一筆款項出來，就會讓德克薩斯煉油廠擁有重生的機會。勝利女神總是在各家公司之間徘徊，因此如果有很多家公司，其中或許會有幾家獲得不小的成功，但並不是全部都獲得成功。迄今爲止，我們的事業也是這樣發展的，感謝上帝，這一勝利除了彌補其他公司所受的微小損失，還使我們獲利匪淺。

不過，擁有多家公司的人，比較容易陷入所謂「過分自信」之中，因爲每個人都希望自己是商界天才，從事任何產業都能成功。但我敢斷言，某種經營理念在某一項事業上取得成功，並不等於其他事業都會成功。而潛力儲備這個概念是必須掌握的。所謂「潛力儲備」是指企業著眼於可持續發展與環境適應，而有計畫進行的企業實力的沉澱。「潛力儲備」是一種戰略性的經營決策觀念，具有鮮明的時空變化特點，是經營觀念更新的產物。世人對企業「挖掘潛力」談得很多，而挖掘潛力的前提條件是企業「有潛力」。因此，「潛力儲備」更帶有實質性。

首先，提出「潛力儲備」，正是對人們喊了好多年的「挖掘潛力」內涵的認識的演化和拓展。實際上，挖掘潛力的積極結果已經促進了企業的高效率運轉，而明確提出「潛力儲備」的概念，其重要作用就在於使企業長遠地有潛力可挖，從而保證企業持續穩定地高效率運轉。

其次，儲備潛力能保證企業的活力與深度。這點很容易理解，一個企業儲備了足夠的潛力，承受外界環境變化和市場競爭的風險的能力就增強了。同時，企業儲備了足夠的潛力，可以從容地、按部就班地進行技術更新、產品開發。可見，積極地儲備潛力，也是企業擴大內涵再生產的必要條件。

再次，儲備潛力符合管理學的「彈性原則」。彈性原則是管理學中一條重要的原則，說的是應對外界變化要留有餘地。人們都知道，企業的競爭因素繁多，有確定性的，也有隨機性的；有可控的，也有不可控的。這就要求企業隨時要有防範的準備和應變的能力，而潛力儲備本身就是一種防範和應變，它可以使企業「以豐補歉」，可以幫助企業度過難關。「彈性原則」實質上是要企業有足夠的實力，而在一定意義上說，企業實力等價於企業潛力的綜合儲備。

最後，企業經營者要擺脫傳統消極的守業觀念，主動到市場捕捉企業現在和將來發展的機會。為了更好地尋找和利用機會，企業必須及早準備物質、技術、資金和人事、社會等各方面的條件，即做好潛力儲備。所以，儲備潛力是現代企業經營者創新觀念的必然產物。可見，潛力儲備的觀念，不是立足於內、眼睛向內而得過且過的被動思想，它是立足於內而著眼於外，立足於目前而著眼於長遠的開拓創新觀念，因此是應當重視和提倡的。

在多元經營的過程中，我一直抱持盡量縮減經費，隨時退出的心理準備。我對事業上的挫折總是抱有深切的厭惡感。也許你會說我膽小怕事，但是公司一旦出現損失，在初期就要馬上削減所有經費。工作是很單純的，即從損益統計表的最大的項目開始，盡一切可能，削減所有經費，或者給予取消。通常這會使經營規模縮小，但是歷經再一次的組編，其累贅部分會減少，競爭力會增強，便可東山再起。當這一點都毫無指望時，要麼將它賣出，要麼將其關閉。

在謀畫多種經營時，我還謹守另一重要的原則：不是去購買公司，而是購進了解公司的經營方法、才能傑出的人才。

因此，在賣出公司的問題上，我可以說是不支持你的。你是否再認真考慮一下？

愛你的父親

二十一

親愛的小約翰：

作爲你的父親和雇主，我一直不想干涉你的生活，但對於你最近的重大決定，我還是要說說自己的看法。

總裁已經宣布將在六個月內退休，我不太理解你爲什麼要拒絕被提名爲他的接任候選人之一。爲了取得今天的職位，你付出了艱苦努力，你的家人也爲此承受了很大壓力，你們出色地克服了這些困難。目前，你的生活進展順利，管理才能受到大家的高度讚揚，可爲什麼在要到達頂峰的時候選擇放棄呢？從你對此事簡短的談論中，我感覺到你的顧慮主要有三個方面：那份工作可能會占用大量的時間；可能帶來很多麻煩；你覺得自己不能勝任。我懷疑這其中可能還有一些潛在的恐懼因素。

毫無疑問，就任公司總裁將是一個巨大的挑戰，但是你已經具備了接受挑戰的能力，你不應該對此憂慮。這一職務會使你在更廣泛的層次上發揮你的能力，要進行人事任命，負責組織性的工作，進行收益和損失的評估。這些任務當中有哪些是你沒做過的呢？答案肯定是沒有。我經常提醒你要記得梭羅的名言：「沒有什麼事比恐懼本身更可怕。」現在讓我們集中討論一下你提出撤退的三條主要理由。

它會占用太多的時間。這條理由在我這裡是站不住腳的。以我從商三十五年的經驗來看，最好的總裁都是管理時間的專家。他們仔細計算每一天、每一個星期、每一個月、每一年的時間，計畫怎樣才能利用它們以最大限度發揮自己的天賦，滿足需求和實現目標。他們精通如何分配時間，他們會同家人朋友共用快樂時光，還會去旅遊，參加慈善活動、體育鍛鍊、娛樂活動或者只是靜靜地思考。

這些優秀的企業家會從每週中抽出四天全力投入工作，與員工、管理層、客戶、銀行、研究者、政府官員等進行密切接觸，然後在第五天對一週的工作進行回顧總結，並有條不紊地計畫下一週或者下一個月的工作。

那是用於思考的一天，對一個總裁來說，思考能帶來最大的回報。

如果總裁要花費大量時間處理日常事務，特別是那些重複、耗時的工作，那麼很有可能這些事情應該交給其他人去做。你已經掌握了高效管理時間的技巧，能夠在妻子、三個孩子、家庭、朋友和你的事業之間合理地分配時間。既然你現在可以解決好這個問題，我們就可以摒棄這條時間的藉口，特別是你最小的孩子都要上高中了。

你的第二點顧慮是，這個工作可能會帶來很多麻煩。如果總裁的工作有很多麻煩，那多半是由於他沒有組織好自己的工作。麻煩是人造成的，解決麻煩的辦法也是人想出來的。你選擇的人愈稱職，面對的麻煩就愈少，因爲他們能夠承擔相應的責任並完成工作。我們多次談到以人爲本和團隊精神的重要性，這始終都是企業的基石。

任何領域都會遇到不必要的麻煩。過去的幾年裡，你處理過很多問題，比如不明智的財政政策，奇怪的生產問題，因爲總裁拒絕接受你的意見而不得不重複再三等等，這些問題都會影響到部門的士氣和效率。但是作爲總裁，你就可以把這些問題消滅在萌芽狀態。永遠記住，不是瑣碎的麻煩，而是如何經營企業的挑戰，才是對你的勇氣的檢驗。

再來看看你的第三點顧慮——你認爲沒有足夠的天賦勝任這個職位。能夠實事求是地評價自己的能力是非常好的，但過低的評價與過高的評價都是錯誤的。你的經歷、經驗都使你能夠勝任這個職位，在此基礎上，你會培養出一個優秀總裁所必備的遠見、領導才能和堅定的毅力。

遠見是指你希望公司在什麼時機向什麼方向發展；優秀的領導才能，是指確定前進的路線，並正確地選擇那些能夠幫助你實現目標的人；堅定的毅力是指無論中途遇到什麼樣的困難都能夠一直堅持下去。

記住華盛頓所說的：「要勇敢挑戰強大的事物，贏得輝煌的勝利，卽使遭遇失敗，也遠遠勝過那些沒有奮鬥精神的人，他們不會有太多痛苦，也不會享受太多喜悅，因爲他們生活在沒有勝利也沒有失敗的灰色世界裡。」

失敗的總裁通常都不是很好的組織者，而你是；他們通常不善於溝通，而你擅長；他們經常找不到合適的重要員工和諮詢顧問，但你可以。做一個總裁並不意味著你要知道每一件事，你只需要知道怎樣合作，怎樣讓不同職能部門向著一個方向前進，以及快速定位問題並解決它們。所有這些你都已經知道了，而且你所領導的這個部門當初如果不是由你接手，現在也不會運轉得如此穩定。在我看來，坐上總裁的交椅不會給你的工作帶來多大的改變。這個椅子比你現在的要高一點，皮質要好一些，但我想你是能夠處理這些的！

我已經爲你和你的妻子訂了兩張去海邊的機票，如果你能夠稍微離開一段時間，在寧靜的大自然中再次深入考慮一下這個重大決定，我將感到十分高興。偉大人物所達到和保持的高度，並非是心血來潮一蹴而就的，常常在晚上當同伴們都入睡的時候，他們卻在努力向上攀登。

鼓起勇氣吧，孩子！

愛你的父親

二十二

親愛的小約翰：

這幾日我總是咳嗽，身體一天比一天差，我知道日子不多了。我活得夠久了，上帝總有一天會把我召回去的。慶幸的是，我能在有生之年親眼看到你繼承我的事業，並且把公司經營得這麼好。

約翰，愈是在公司發展良好、規模不斷擴大時，愈要注意公司組織內部的管理和外部市場動向。一家企業，尤其是我們這樣龐大的企業，必須具備秩序井然的管理制度，還必須由清醒智慧的大腦執行。以前，我時時注意著自己的言行和部下的舉止。每天早上九點十五分，我一定準時到公司上班。我認爲即使是爲了與公司形象相配，每個人也一定要穿戴良好，儀表整潔，起碼我就是這樣做的。我給每間辦公套間免費配備了擦鞋用具，每天早上都請理髮師準時爲我修面。

說到時間觀念，首先我絕不遲到，因爲誰都沒有權利浪費別人的時間。其次我喜歡設定時間表，有計畫地做事，我從不在小事上浪費時間。每天我會固定休息一會兒，十點左右停下來，吃點餅乾喝點牛奶，午飯後睡一會兒，也是爲了恢復精力，使體力和腦力調整到最佳狀態，總把每根神經都繃得緊緊的不是件好事。

爲人處事方面，我信奉沉默的力量。只有虛僞的人才會隨口亂講，對著記者喋喋不休，謹慎的商人總是守口如瓶。「成功來自多聽少說」和「只說不做的人就像是長滿荒草的花園」是我最喜歡的兩則箴言。我習慣多聽少說，這也幫助我在競爭中獲得很大優勢，尤其是在談判中，我的沉默寡言常常使對手不知所措。當我生氣時，沉默更能達到擊倒對方的作用。

有一次，一名氣急敗壞的承包商闖進辦公室，對我暴跳如雷、大喊大叫，我低頭伏在辦公桌上繼續工作，直到那個承包商精疲力竭時才抬起頭來。這時，我靠在轉椅裡左右轉著，看著對方平靜地問道：「我沒聽清你剛才說了些什麼，你能再說一遍嗎？」那承包商立刻如洩了氣的皮球，再也鼓不起來了。

每個接觸過我的人，都會對我不同一般的沉著冷靜留下深刻印象。我敢與任何人打賭：無論他現在說出或做出什麼讓人無法容忍的事情，也絕不可能讓我有絲毫衝動。要知道，我的脈搏每分鐘只有五十二次，比一般人低得多。我從不會對雇員發脾氣，也不會大喊大叫，更別提什麼汙言穢語或做出什麼不雅的事來。即便是他們犯了錯誤，要受到處罰，我也會覺得於心不忍。甚至是那些貪汙的下屬，我也只是把他解雇了，很難做到把他送上法庭。

在對待員工方面，我一向非常用心謹慎。我認爲員工對公司是非常重要的。在公司發展初期，我總是親自參加普通員工的招聘，而當公司規模擴大員工人數已超過三千時，我不可能直接參與招聘了。但我只要發現優秀人才，就要想方設法將其招至麾下，即便當時看來不是很需要。我尤其欣賞那些社交能力出衆的管理人員，我一直認爲，與人交往的能力，就像咖啡和糖一樣，是可以買到的商品，而且我爲這種能力付的錢比買世上任何東西付的錢都要多。

我還喜歡鼓勵員工直接向我提建議，並且關心他們的生活。我常常給那些生了病或已經退休的員工寫信，詢問他們的情況，不謙虛地說，我在付員工工資和退休金方面絕不吝嗇，甚至慷慨。我付的報酬高於同行業的平均水準。我可以驕傲地說，我相信我手下的雇員都樂意在我的身邊努力工作。

我很少公開表揚他們的努力，我透過微妙的暗示督促員工前進。首先，我會全面嚴格地考驗員工，一旦員工得到信任，就會被賦予極大的自主權，除非出了嚴重的疏漏，我一般不會干涉他們的工作。一般情況下，提拔員工最好的方法是——當你相信他們具備必要的素質並且覺得他們有能力勝任時——把他們推進深水區，任他們自己努力，或是沉入水底，或是游上岸，他們不會失敗的。

爲了協調如此龐大的機構的工作，我必須下放權力。標準石油公司的部分行爲準則是，培養下屬主動爲公司做事。我曾向一名新員工介紹說：「有人告訴過你在這裡工作的規矩沒有？還沒有？是這樣：能讓別人去做的工作，就不要親自去做……你要盡快找到一個可以信任的人，培養他做你的工作，然後自己坐下來，動腦筋想想怎麼才能讓公司多賺些錢。」我自己就在身體力行地貫徹這一原則，並因此使自己從煩瑣的日常工作中脫出身來，把更多的時間和精力用於宏觀決策上。

我在技術上並非一個革新者，我所負責掌握的主要是制定公司的政策和理論基礎。作爲一個管理者，我每天都要面對潮水一般的事務，並以非同一般的反應能力做出判斷。而幫助我做出判斷的，很大程度上是我身上出衆的數學才能。正是透過處理大量資料，我才能掌控管理好這個權力分散的石油王國。我以一種看不見的力量控制著整個公司，這個力量就是我的分類帳本。從十六歲那份記帳員的工作開始，我就喜歡數字，數字也極大地幫助了我，使我把複雜多樣的系統得以簡化成一個通用的標準。以此標準我能夠衡量、檢驗千里之外的下屬機構的經營情況，看到眞實的情況。以這種方式，我在全公司推廣理性管理的思想：從公司最高機構到最底層，每一項成本計算都精確到小數點後幾位。

儘管公司取得了非凡的業績，但我並不認爲它已臻於完美。在我看來，每個公司、每家工廠都可以永無止境地加以改進，我一直力圖在公司內部營造一種不斷追求完美的氛圍。公司運作的規模愈大，愈是要求關注細節問題，儘管在有些人眼中這看上去有些不合常理，但如果在一個地方節約一分錢，就可能爲全公司節省上千倍於這個數目的錢。

有一年，我視察了一家位於紐約市的標準石油公司下屬工廠。這家工廠灌裝五加侖一桶的煤油，密封後銷往國外。

我觀察了一臺機器給油桶焊蓋的過程後，問一位駐廠專家：「封一個油桶用幾滴焊錫？」

「四十滴。」那專家答道。

「試過用三十八滴沒有？」

「沒有？那就試試用三十八滴焊幾桶，然後告訴我結果，好嗎？」

結果是用三十八滴錫焊的油桶中，有一小部分漏油——但是用三十九滴焊錫的則不會出現這種情況。從那之後，三十九滴焊錫便成爲標準石油公司下屬所有煉油廠實行的新標準。而這節省下來的一滴焊錫，僅一年就可爲公司節約二萬五千美元。

像這樣的情況還很多，比如我們可以在保持油桶強度的前提下逐步減少桶板的長度，降低桶箍的寬度。我並不只是爲了省錢，更是爲了使公司的營運達到一種更完善的程度。出於此目的，我堅持要求公司建立穩固結實的工廠設備來降低維修費用，儘管這樣做會造成較高的初始成本。我還盡量充分應用從原油中提煉出來的各種成分。公司在成立最初兩年裡主要經營煤油和石腦油。

後來，在一八七四年，公司擴大了業務範圍，開始生產其他石油副產品，經營做口香糖用的石蠟和築路用的石油瀝青。不久，公司又開始生產鐵路和機器車間用的潤滑油，以及蠟燭、染料、油漆和工業用酸。今年，我們兼併了紐澤西州的切斯布勞製造公司，以增強我們生產的凡士林的銷量。

可以說，在不斷追求完善的道路上，我們從來沒有停下過腳步。今後，這也仍是我們堅持不懈並要在公司內部貫徹到底的目標和信念之一。

上帝給了每個人一則好消息，那就是無法預知自己能變得多麼偉大，能擁有多少愛心，能獲得多大的成功，擁有多少的潛能。

愛你的父親

第一章　老朋友

約翰・阿奇博爾德 John D. Archbold
亨利・莫里森・弗拉格勒
Henry Morrison Flagler
約翰・歐文 Mr. Irwin
哈克尼斯 S.V. Harkness
利物浦倫敦環球保險公司
Liverpool, London & Globe Insurance Company
斯蒂爾曼・維特 Stillman Witt
柏思麥鋼軌合夥公司
Bessemer steel rails

第二章　獲取財富是困難的技藝

休伊特與塔特爾 Hewitt & Tuttle
克拉克與洛克斐勒 Clark & Rockefeller
漢迪 T.P. Handy
約翰・加德納 John Gardener

第三章　標準石油公司

標準石油公司 Standard Oil Company
湯瑪斯・阿米特吉
Thomas W. Armitage
工業委員會 Industrial Commission
福利先生 Mr. Foley

第四章　石油行業的經歷

詹姆斯與理查・克拉克先生
Messrs. James and Richard Clark
薩繆爾・安德魯斯 Samuel Andrews
洛克斐勒、安德魯斯與弗拉格勒公司
Rockefeller, Andrews & Flagler
阿斯特家族 Astors
巴克斯 F.M. Backus
巴克斯石油公司 Backus Oil Company
查理斯・瑪律 Charles H. Marr
詹寧斯 Peter S. Jennings
麥洛尼 Maloney
哈納芬 Hanafin
美國潤滑油公司
American Lubricating Oil Company
俄亥俄州標準石油
Standard Oil Company of Ohio
《州際商業法》
Interstate Commerce Act

第五章　其他的商業經歷和商業原則

弗雷德里克・蓋茨 Frederick T. Gates
美國浸信會教育協會
American Baptist Education Society
普通教育委員會
General Education Board
斯達・墨菲 Starr J. Murphy
蘇必略湖 Lake Superior
薩繆爾・馬塞 Samuel Mather
鮑爾斯 L.M. Bowers

第六章　贈予的藝術

西蒙・費勒克納爾 Simon Flexner
亞力克西・卡雷爾 Alexis Carrel
奧爾巴尼 Albany

第七章　慈善信託：合作原則在贈予中的價值

安德魯・卡內基 Andrew Carnegie
羅伯特・奧格登 Robert C. Ogden
威廉・哈珀 William R. Harper
瓦薩學院 Vassar College
詹姆斯・泰勒 James M. Taylor
慈善信託 Benevolent Trusts

i生活 24

巨富思維

美國石油大王洛克斐勒一生奉行的商業原則＆為富之道

作　　者　約翰・戴維森・洛克斐勒
譯　　者　亦言
封面設計　丸同連合　**內文排版**　游淑萍
副總編輯　林獻瑞　**責任編輯**　劉素芬　**印務經理**　黃禮賢

社　　長　郭重興　**發行人兼出版總監**　曾大福
出 版 者　遠足文化事業股份有限公司　好人出版
新北市新店區民權路108-2號9樓
電話02-2218-1417#1282　傳真02-8667-1065
發　　行　遠足文化事業股份有限公司　新北市新店區民權路108-2號9樓
電話02-2218-1417　傳真02-8667-1065
電子信箱service@bookrep.com.tw　網址http://www.bookrep.com.tw
郵政劃撥　19504465　遠足文化事業股份有限公司
法律顧問　華洋法律事務所　蘇文生律師
印　　製　成陽印刷股份有限公司　電話02-2265-1491

初版　2022年1月19日　**定價**　360元
ISBN　978-626-95330-5-3

國家圖書館出版品預行編目(CIP)資料

巨富思維：美國石油大王洛克斐勒一生奉行的商業原則&爲富之道／約翰・戴維森・洛克斐勒作；亦言譯. -- 初版. -- 新北市：遠足文化事業股份有限公司好人出版：遠足文化事業股份有限公司發行, 2022.01
面；　公分. --（i生活；24）
譯自：Random reminiscences of men and events
1.CST: 洛克斐勒(Rockefeller, John Davison, 1839-1937) 2.CST: 標準石油公司 3.CST: 企業管理 4.CST: 回憶錄
ISBN　978-626-95330-5-3（平裝）

494.1　110022008

讀者回函QR Code
期待知道您的想法